DISCOVER UNIVERSITY

U0244885

什么是

晶体学？

CRYSTALLOGRAPHY:
A VERY SHORT INTRODUCTION

[英] A.M.格拉泽 著

刘 涛 赵 亮 译

大连理工大学出版社
Dalian University of Technology Press

简体中文版 © 2024 大连理工大学出版社
著作权合同登记 06-2022 年第 203 号
版权所有·侵权必究

图书在版编目（CIP）数据

什么是晶体学？ / (英) A. M. 格拉泽著；刘涛，赵亮译 . -- 大连：大连理工大学出版社，2024. 11.
ISBN 978-7-5685-5149-6

Ⅰ. O7-49

中国国家版本馆 CIP 数据核字第 2024G0X992 号

什么是晶体学？ SHENME SHI JINGTIXUE?

出 版 人：苏克治
策划编辑：苏克治
责任编辑：张　泓
责任校对：李宏艳
封面设计：奇景创意

出版发行：大连理工大学出版社
　　　　　（地址：大连市软件园路80号，邮编：116023）
电　话：0411-84708842（营销中心）
　　　　0411-84706041（邮购及零售）
邮　箱：dutp@dutp.cn
网　址：https://www.dutp.cn

印　刷：辽宁新华印务有限公司
幅面尺寸：139mm × 210mm
印　张：6.75
字　数：129千字
版　次：2024年11月第1版
印　次：2024年11月第1次印刷
书　号：ISBN 978-7-5685-5149-6
定　价：39.80元

本书如有印装质量问题，请与我社营销中心联系更换。

出版者序

高考，一年一季，如期而至，举国关注，牵动万家！这里面有莘莘学子的努力拼搏，万千父母的望子成龙，授业恩师的佳音静候。怎么报考，如何选择大学和专业，是非常重要的事。如愿，学爱结合；或者，带着疑惑，步入大学继续寻找答案。

大学由不同的学科聚合组成，并根据各个学科研究方向的差异，汇聚不同专业的学界英才，具有教书育人、科学研究、服务社会、文化传承等职能。当然，这项探索科学、挑战未知、启迪智慧的事业也期盼无数青年人的加入，吸引着社会各界的关注。

在我国，高中毕业生大都通过高考、双向选择，进入大学的不同专业学习，在校园里开阔眼界，增长知识，提升能力，升华境界。而如何更好地了解大学，认识专业，明晰人生选择，是一个很现实的问题。

为此，我们在社会各界的大力支持下，延请一批由院士领衔、在知名大学工作多年的老师，与我们共同策划、组织编写了"走进大学"丛书。这些老师以科学的角度、专业的眼光、深入浅出的语言，系统化、全景式地阐释和解读了不同学科的学术内涵、专业特点，以及将来的发展方向和社会需求。

为了使"走进大学"丛书更具全球视野，我们引进了牛津大学出版社的 *Very Short Introductions* 系列的部分图书。本次引进的《什么是有机化学？》《什么是晶体学？》《什么是三角学？》《什么是对称学？》《什么是麻醉学？》《什么是兽医学？》《什么是药品？》《什么是哺乳动物？》《什么是生物多样性保护？》涵盖九个学科领域，是对"走进大学"丛书的有益补充。我们邀请相关领域的专家、学者担任译者，并邀请了国内相关领域一流专家、学者为图书撰写了序言。

牛津大学出版社的 *Very Short Introductions* 系列由该领域的知名专家撰写，致力于对特定的学科领域进行精练扼要的介绍，至今出版700余种，在全球范围内已经被译为50余种语言，获得读者的诸多好评，被誉为真正的"大家小书"。*Very Short Introductions* 系列兼具可读性和权威性，希望能够以此帮助准备进入大学的同学，帮助他们开阔全球视野，让他们满怀信心地再次起航，踏上新的、更高一级的求学之路。同时也为一向关心大学学科建设、关心高教事业发展的读者朋友搭建一个全面涉猎、深入了解的平台。

综上所述，我们把"走进大学"丛书推荐给大家。

一是即将走进大学，但在专业选择上尚存困惑的高中生朋友。如何选择大学和专业从来都是热门话题，市场上、网络上的各种论述和信息，有些碎片化，有些鸡汤式，难免流于片面，甚至带有功利色彩，真正专业的介绍尚不多见。本丛书的作者来自高校一线，他们给出的专业画像具有权威性，可以更好地为大家服务。

二是已经进入大学学习，但对专业尚未形成系统认知的同学。大学的学习是从基础课开始，逐步转入专业基础课和专业课的。在此过程中，同学对所学专业将逐步加深认识，也可能会伴有一些疑惑甚至苦恼。目前很多大学开设了相关专业的导论课，一般需要一个学期完成，再加上面临的学业规划，例如考研、转专业、辅修某个专业等，都需要对相关专业既有宏观了解又有微观检视。本丛书便于系统地识读专业，有助于针对性更强地规划学习目标。

三是关心大学学科建设、专业发展的读者。他们也许是大学生朋友的亲朋好友，也许是由于某种原因错过心仪大学或者喜爱专业的中老年人。本丛书文风简朴，语言通俗，必将是大家系统了解大学各专业的一个好的选择。

坚持正确的出版导向，多出好的作品，尊重、引导和帮助读者是出版者义不容辞的责任。大连理工大学出版社在做好相关出版服务的基础上，努力拉近高校学者与读者间的距离，尤其在服务一流大学建设的征程中，我们深刻地认识到，大学出版社一定要组织优秀的作者队伍，用心打造培根铸魂、启智增慧的精品出版物，倾尽心力，服务青年学子，服务社会。

"走进大学"丛书是一次大胆的尝试，也是一个有意义的起点。我们将不断努力，砥砺前行，为美好的明天真挚地付出。希望得到读者朋友的理解和支持。

谢谢大家!

苏克治

2024年8月6日

译者序

在这个快速变化的世界中，晶体学以其静谧而深邃的魅力，让人不禁驻足。作为科学的一支，晶体学穿越时间的长河，从古至今一直是人类探索自然界的一束光芒。晶体，自然界的精妙杰作，早在埃及、希腊和中国等古文明中就被赋予了神秘的力量。然而直到17世纪，随着现代科学理性主义的萌芽，人们才逐渐揭开晶体的神秘面纱，开启了对其本质的真正理解。

晶体学的历史始于对自然界中晶体形态的初步好奇。如本书所述，约翰内斯·开普勒（Johannes Kepler）在17世纪的研究中，观察到晶体具有规则结构的迹象。随后，罗伯特·胡克（Robert Hooke）和克里斯蒂安·惠更斯（Christian Huygens）等科学家对晶体进行了更深入的研究，逐渐揭示了晶体的基本特性。然而，直到X射线晶体学的出现，人们才能深入了解晶体的原子结构，这一发现为晶体学带来了革命性的进展。

晶体学的重要性不言而喻。在工业上，晶体的应用遍及电子、光学、材料科学等领域。硅晶体的发展推动了半导体行业的飞速成长，而晶体管的发明更是引领了现代电子技术时代。在医药领域，通过晶体结构分析，科学家能够精确了解药物分子与其靶点的相互作用，从而设计出更加有效的治疗药物。此外，晶体学的研究也对新材料的发现和开发起到了至关重要的作用。

尽管晶体学在科学技术进步中扮演着重要角色，但普遍而言，公众对这一领域的认识仍然有限。一部分原因是晶体学本身的复杂性及跨学科的特性。晶体学结合了物理学、化学、生物学等多个学科的知识和方法，研究范围广泛，从单一分子到复杂的生物大分子都在其研究之列。

在未来，晶体学的发展将更加依赖于跨学科的融合和创新。随着计算技术和实验方法的不断进步，我们有理由相信，晶体学将揭示更多未知的物质结构，带来新的科学发现和技术突破。例如，蛋白质晶体学的进展将为生命科学领域带来革命性的影响，新型晶体材料的开发也将推动能源、环保等领域的进步。

通过本书，译者希望能够为读者提供一个全面而深入的晶体学知识体系，不仅介绍晶体学的基本概念和原理，更展示晶体学在现代科技中的应用对当代生活的深远影响，让读者能够更好地理解晶体学在生活中的重要性；也希望能激发读者对晶体学乃至自然科学的兴趣和好奇心。译者相信，随着晶体学研究的不断深入，未来将有更多的神秘面纱被揭开，人类对物质世界的理解将达到新的高度。晶体学的旅程还远未结束，它的未来充满了无限可能和挑战。让我们期待晶体学在新的时代里绽放出更加耀眼的光芒。

译者　刘涛　赵亮

2024年7月

前　言

"我们也拥有光环，由不同振动频率的能量层组成。通过治疗晶体、脉轮石……你可以净化自己的能量场。"如果人们在谷歌网站上搜索"晶体"，就会发现这类信息。不幸的是，关于晶体的这种新时代的伪科学胡话已经变得无处不在。笔者最近从一家商店购买了一块漂亮的冰洲石（方解石）。店员建议笔者在睡觉时将它放在身边，因为这将带来良好的睡眠，因为它能"清除负面能量"。笔者尝试了，但没有任何效果。笔者不得不经常告诉人们，晶体是宇宙中最"死寂"的物体之一——没有光环，没有能量场，没有脉轮。但人们并不总是喜欢被告知这样的事情。

但这确实说明了人类对晶体的迷恋可以追溯到遥远的古代。人们知道，生活在远古时代的北京人收集石英晶体，可能是为了制作工具，也可能是因为原始的万物有灵信仰。澳大利亚土著人在造雨仪式中使用石英晶体和紫水晶作为雨石，并且他们认为晶体拥有"邪恶的力量"。最早被记录的六角雪花晶体是在公元前一百多年的中国，韩婴在其著作《韩诗外传》中将其与花的五角形状相比较。

许多其他古代文明也认识到晶体的特殊性，通常将其用作装饰宝石和宗教用途。古埃及人常将石英晶体雕刻成受崇敬的物件。古希腊人也对晶体着迷，特别是原子论者，他们相信一切都是由粒子构成的。当时的许多思想家尝试对晶体做出理性解释，如德谟克利特（Democritus，约前460—约前370）、伊壁鸠鲁（Epicurus，前341—前270）、卢克莱修（Lucretius，约前99—约前55）、亚里士多德（Aristotle，前384—前322）和斯多葛派（Stoics）。例如，卢克莱修解释说，钻石的硬度一定是枝状原子相互缠绕产生的——这与人们今天所知的事实相差无几。长期以来，人们认为石英晶体是由冰凝结而成的，它们被冷冻得如此之深以至于不会融化。罗马的大普林尼（Plinius，23—79）写道："石英晶体的形成过程类似于冰的形成，它经历了急剧的冷却和收缩。"

许多人并不知道，晶体几乎无处不在，例如，在骨骼、牙齿和肌肉中，在建筑材料中，在土壤中，在手机中，以及几乎在人们能看到的每一个固体物体中。甚至巧克力中也含有可可脂的晶体。晶体可以是多彩的、对称的、美丽的，也可以是巨大的。例如，2000年，人们在墨西哥纳斯卡洞穴中发现了长达数米的巨大石膏晶体；而在那之前，人们在马达加斯加共和国发现了一块约18米长、380吨重的矿物绿柱石晶体。

其至有一些证据表明，在地球的中心可能存在长达数千米的铁晶体。王涛、宋晓东和夏晗在《自然地球科学》杂志上发表的一篇研究报告指出，曾被认为是固态的地球内核，实际上具有复杂的结构特征。该团队发现了一个独特的内内核，其直径大约是整个内核直径的一半。内核外层的铁晶体呈南北方向排列。然而，在内内核中，铁晶体大致指向东西方向。内内核中的铁晶体不仅排列方式不同，而且其行为也与外内核中的铁晶体不同。这意味着内内核可能由另一种类型的晶体或相态构成。但晶体也可以是微小的，缺乏明显的对称性和形态，并且没有显微镜的帮助难以看清。

晶体学或晶体科学，如今以一些不被察觉（认识）的方式发挥着重要作用。理解晶体的本质，特别是它们的原子结构，对许多实践科学家和工业界都至关重要。例如，化学家发现和合成新化合物的过程依赖于对其晶体结构的了解，以便识别一种物质，然后改变其性质。同样，大多数药物对健康至关重要，它们在研发的某个阶段都需要借助晶体学知识来进行有效的改进。制药公司通常在专利中加入某个晶体学分析支持他们的权利要求；通常，特定药物通过提供粉末衍射图案或偶尔提供完整的晶体结构测定获得专利保护。此外，晶体学在帮助研究药物如何针对蛋白质方面也起着关键作用，蛋白质是生物体正常运作所必需的分子。

材料科学家经常使用晶体学研究具有许多工业应用的新材料。晶态固体具有有趣且有用的机械、电、光学和磁性性能。庞大的半导体行业依赖于如硅或锗等材料的大晶体生长。铌酸锂晶体在电信市场上得到广泛应用，例如在移动电话和光调制器中，它是制造光波导的绝佳材料。手表中的石英晶体使得精确计时成为可能。某些被称为压电材料的晶态材料可以产生和感应超声波，这在医学、工程学及军事领域中都有应用，如声呐（声音导航与测距）系统可用于探测水下物体。

寻找超导体和光敏材料也依赖于对晶体及其结构的了解。同样，为了理解蛋白质在生物体中的工作方式，晶体学方法常被用来确定蛋白质分子的形状和原子排列，从而帮助人们理解它们的功能。人们创造新抗生素的能力依赖于这些知识。例如，在20世纪40年代早期，多萝西·克劳福特·霍奇金

（Dorothy Crowfoot Hodgkin）确定了青霉素的晶体结构，这使得化学家能够生产新型抗生素。她关于维生素B_{12}的工作，以及后来对胰岛素的研究，对于理解这些物质及其在体内的作用方面具有极其重要的意义。甚至病毒也可以被结晶，使得晶体学家能够研究它们的分子结构，从而理解它们的工作原理。晶体学的用途还有很多……

如果没有晶体学，特别是1912年X射线晶体学的发现，今天的世界将会大不相同：制药行业几乎不会有多大发展，也不会有多种有效的药物，更不用说像计算机这样的电子产品和移动电话这样的全球通信设备了。

笔者一直主张，晶体学是一门自成体系的学科，很像化学或物理学，并不应仅仅被视为一种技术。晶体学家有自己的国际联盟、自己的命名和符号系统，以及自己的实验技术。

晶体学是最具跨学科性的学科之一：晶体学家的身影可以出现在化学、物理学、生物学、工程学、材料科学和数学等不同学系，也可以出现在许多工业领域。

但奇怪的是，尽管晶体学如此重要，它作为一个学科对公众乃至许多科学家而言却鲜为人知。人们都看过关于宇宙学、粒子物理学、化学、医学及许多其他学科主题的电视科学节目，但几乎没有关于晶体或晶体学的内容。尽管晶体学似乎是一门"隐藏"的学科，但它已经赢得了大约26项诺贝尔奖。

笔者非常感谢以下同事阅读了本书的（英文）文本并纠正了笔者的许多误解：斯蒂芬·布伦德尔（Stephen Blundell，牛津大学物理系）、斯蒂芬·柯瑞（Stephen Curry，帝国理工学院）和埃尔斯佩斯·加曼（Elspeth Garman，牛津大学生物化学系）。

目　录

第一章
晶体学发展史

旧时代发展史

尽管晶体种类繁多,但人们对晶体的本质并不了解。直到17世纪,随着现代科学理性主义的发展,人们才取得自古希腊时代以来对晶体性质真正的理解。正是这种启蒙运动的发展引领了人们对晶体或晶体学的系统研究。"晶体学"这一术语是由一名瑞士医生莫里斯·卡佩勒(Maurice Capeller,1685—1769)创造的。

以研究行星而闻名的约翰内斯·开普勒(Johannes Kepler,1571—1630)也是晶体学的先驱之一,他在1611年发行的小册子《六角雪花》中研究了雪的晶体形状及其对称性。随后他提出"哪里有物质,哪里就有几何"。他还研究了另一个相关的问题,即炮弹在船甲板上如何摆放(估计是为了防止炮弹滚动），据说该问题最初由沃尔特·罗利爵士（Sir Walter Raleigh）和其他船长提出。开普勒猜想立方体和六方体是最密集也是最稳定的排列方式，即所谓的立方和六方密堆结构。（这个简单的猜想直到2003年才得到数学上的证实！）在现实生活中，这种排列方式很常见，例如人们可以在水果店里看到橙子和苹果按照这种方式摆放。人们现在知道，元素晶体结构中的许多原子都是基于这些方式进行排列的。常见排列方式如图1所示。

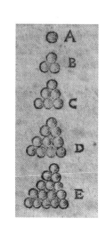

（a）六方形雪花晶体　　　　　　　（b）开普勒球体堆积

图1　常见排列方式

罗伯特·胡克(Robert Hooke，1635—1703)是另一名早期涉足结晶学的科学家，他在《显微图书》(图2)一书中研究了尿液中的晶体。用胡克自己的话说，"我品尝了几块清澈的'冰'(尿液结晶)，但却没有发现任何尿味，我尝过的那几块，似乎像水一样平淡"。胡克发现他可以利用球体的重复堆积来解释晶体为何具有平坦的表面。他不知道所谓的球体到底是什么，也无法解释球体之间的空隙。但胡克是最早考虑到晶体周期性概念的科学家之一，当时他认为这些缝隙可能会被液体填充。

克里斯蒂安·惠更斯(Christian Huygens，1629—1695)在胡克球形粒子堆积理论上做了一个小小的修改，建议用椭圆粒子代替球形粒子。随后，勒内-安托万·德·列奥米尔(René-Antoine de Réaumur，1683—1757)研究了金属晶体的结晶性，他也认为矿物的结晶性来自某种汁液或精华。

晶体学另外一项研究进展是丹麦主教尼古拉斯·斯丹诺(Nicolas Steno，1638—1686)在1669年提出的晶体生长理论，他认为晶体的生长是从一颗小种子开始的，但他也承认他不知道这颗种子是如何产生的。他特别解释说，矿物晶体

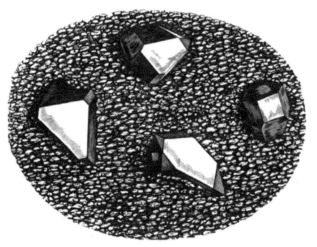

（a）燧石样品（实际上不是晶体）

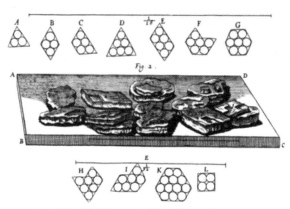

（b）尿液中的晶体，用球体堆积模拟晶体的外部形状

图2　《显微图书》（1665）中的图片

是通过添加来自外部流体的颗粒而生长的。从他的工作中可以看出，对于同一矿物的所有标本来说，如石英晶体上相应面之间的角度都是相同的——这就是界面角恒等定律，即对于相同矿物的所有样品，其晶体上相应面之间的角度是相同的。两个不同边缘尺寸的石英晶体的横截面如图3所示。一方面，各边垂直方向之间的夹角均为60°，从而突出了六重对称性；另一方面，晶面的实际大小仅仅是不同晶面生长速率不同造成的结果，晶面越大生长越慢。

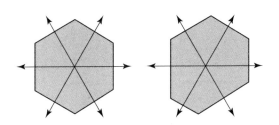

图3 两个不同边缘尺寸的石英晶体的横截面

1783年，另一位晶体生长研究者让·巴蒂斯特·路易斯·罗梅·德·利勒（Jean Baptiste Louis Romé de l'Isle，1736—1790）也宣布了类似的定律。实际上，斯丹诺只是将他的想法应用到石英上，而利勒则将其进行了总结，并指出界面角的恒定性是任何特定晶体物质的特征。利勒还将矿物中任何呈现多面体和几何形状的物质定义为晶体。同时，利用他的学生阿尔努·卡朗乔（Arnould Carangeot，1742—1806）发明的接触式测角仪，利勒实现了对晶体界面角的测量。该装置使用量角器测量界面角，其中一个或两个旋转臂放置在样品两个晶面的界面上。虽然在今天看来，这个装置简单且非常普通，但直到20世纪，这种仪器和其他类似的仪器都是研究晶体形状的重要工具。

但真正的突破是从法国神父勒内-朱斯特·哈伊（René-Just Haüy，1743—1822）开始的，他出生于法国圣朱斯特·昂·肖塞，是一名织布工的儿子。尽管他家境贫寒，但在1750年左右搬到巴黎后，哈伊成功地进入了巴黎大学，并成为一名出色的学生。他对晶体学的兴趣据说是由一起类似于牛顿观察苹果的偶然事件引起的。他去拜访一位朋友，据说是M. 德·法兰西·杜·克罗伊塞（M. de France du Croisset）先生，后者有一套晶体收藏。哈伊拿起一块方解石

（化学成分为碳酸钙）的菱形晶体时，不小心把它摔掉了，他注意到碎片与其他方解石晶体的形状是一样的。他兴奋地回到实验室，砸碎了许多晶体，并观察到无论碎片有多小，它们都保持着原来的形状。哈伊《矿物学条约》中的图片和哈伊的肖像如图4所示。

根据乔治·居维叶（Georges Cuvier，1769—1832）的说法，哈伊喊道："一切皆是如此！"这个故事可能是天方夜谭，事实上，有观点认为哈伊的理论实际上是建立在托本·伯格曼（Torben Bergman，1735—1784）的早期工作之上的。1773年，伯格曼发表了对方解石裂隙的分析，认为裂隙是菱形的。甚至有证据表明，在更早的18世纪之交，多梅尼科·古列尔米尼（Domenico Guglielmini，1655—1710）就曾建议用碎片代表初基多面体，而这些多面体是构成晶体的基本单元。无论起源如何，哈伊很可能是在并不知晓这些早期工作的情况下，就推断出晶体必须由规则排列的多面体单元组成。他当时不可能知道他所说的这些分子聚集体或其组成部件是由什么构成的。

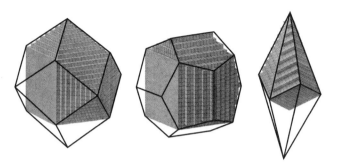

（a）从左到右依次是：斜方十二面体、五角十二面体、偏三角面体

（b）哈伊的肖像

图4　哈伊《矿物学条约》中的图片和哈伊的肖像（1784）

今天，人们把晶体中的周期性多面体称为晶胞，即一个包含一组特定原子的空间，然后这些原子重复排列建立起整个晶体。哈伊观察到的现象可能是我们如今称之为"平移对

称性"的第一个实验证据（其他类型的对称性，如六重轴对称性在古代就观察到了）：这是重复模式的对称性，有点像阅兵式上的士兵。这项工作更具哲学意义的结果是它证明了固体物质减小到最小尺度并不是均质物，而是异质物（即块状物），因此会留下空隙。

在法国大革命初期，君主制被推翻后，哈伊因拒绝宣誓效忠新政权而被监禁。1792年9月，他从圣菲尔明神学院对神职人员的大屠杀中侥幸逃脱。这是由于他的学生艾蒂安·杰弗里·圣-希莱尔（Étienne Geoffroy Saint-Hilaire，1772—1844）的干预，在几天后他设法救出了哈伊和其他几位教授。圣-希莱尔尝试了各种方法确保他们获释，包括伪装成官员、进入神学院的建筑等。他最终成功了，在夜里把梯子搬到了围墙上，12名神父借此逃了出来。随后，1795年，哈伊被任命为巴黎高等师范学院的物理学教授。

哈伊对自己的观点深信不疑，有时甚至抵制别人的观点。他与其他科学家发生了许多争论，例如，利勒就是一名特别的批评者。1819年，艾尔哈德·米采利希（Eilhard Mitscherlich，1794—1863）对哈伊的理论提出了实质性的挑战。整个同构定律指出，化学上相关的物质在晶体形状上具有相似性。哈伊坚持认为，分子整合的形式意味着一种物质应该有其独特有特征。据报道，他曾经说：如果米采利希的理论是正确的，矿物学将是最糟糕的科学。尽管如此，他对晶体周期性的核心观点形成了晶体结构理论进一步发展的基础，并有效地预示了空间点阵的概念。

法国波旁王朝复辟后，哈伊失去了养老金，并因股骨骨折在贫困中离世。他的名字在法国被尊为埃菲尔铁塔上的72个人名之一，大多数人认为他是真正的晶体学之父。关于哈伊和他的工作的详细介绍可以在约翰·伯克（John Burke）的《晶体科学的起源》一书中找到。

在19世纪的法国和德国，越来越多的数学方法开始扎根萌芽，新晶体理论因此也得到了蓬勃发展。约翰·弗里德里希·克里斯蒂安·海塞尔（Johann Friedrich Christian Hessel，1796—1872）在1830年指出，所有的晶体都可以归入32种晶类。加布里埃尔·德拉福斯（Gabriel Delafosse，1796—1878）在1840年正式提出了晶胞的概念。莫里茨·路德维希·弗兰肯海姆（Moritz Ludwig Frankenheim，1801—

1869）和奥古斯特·布拉维（Auguste Bravais，1811—1863）证明，在哈伊作品中看到的重复性可以通过数学方法表述为点阵[①]。此外，在任何空间维度上都只有有限数量的独特格子类型。今天人们称之为三维空间中的 14 种布拉维格子。另外，莱昂哈德·索恩克（Leonhard Sohncke，1842—1897）将点阵与旋转对称性结合起来。（人们可以宽泛地认为这是作用于每个晶胞内的原子群的旋转对称性。）他引入了一种新的对称元素——螺旋轴，即一个物体围绕一条轴旋转，然后通过晶胞长度的一部分进行平移。这一操作导出了 65 种空间群（最初有 66 种，但后来发现其中两种是等同的）。

法国科学家路易斯·巴斯德（Louis Pasteur，1822—1895）因对微生物引起的疾病的研究和对狂犬病的治疗而闻名，最初他也是研究晶体的。他对偏振光（由在单个平面内发生电场振动的波组成）通过溶解酒石酸盐晶体的溶液时产生不同的旋转方式产生了兴趣。简而言之，他发现在显微镜下，晶体可以被分成两堆，两堆晶体的形状互为镜像。之后，当他将晶体溶解到溶液中时，其中一堆晶体的溶液可以

———————

① 点阵的英文原文为 "lattice"，这个单词翻译成中文有点阵和格子两种含义，具体取决于上下文，如 space lattice 译为空间点阵，而 Bravais lattice 译为布拉维格子。

使光向一个方向偏转，而另一堆晶体的溶液可以使光向相反的方向偏转。（今天人们称这种现象为手性，是制药领域中的一个重要概念。）他出色的分析结果于1848年发表，获得了很多赞誉。有人认为，他很幸运地获得了两堆具有相反手性的晶体，而且他的实验是在冬天进行的，如果他在炎热的夏天做这个实验，晶体就不会以这种方式生长。

今天看来，这一发现似乎纯粹出于学术兴趣，但在当时，人们对腐烂和发酵的生物过程进行了大量研究，相关液体也显示出旋光性。巴斯德还意识到，许多天然物质表现出手性，甚至某些物质的手性还会影响味觉。很可能正是这种知识使他提出生命的本质必须与手性概念联系在一起。当然，他不可能知道，一百年后，著名的DNA双螺旋结构被发现，所有生物体的双螺旋结构都具有相同的手性。这反过来又为进化论提供了科学支持，因为它表明所有生物体都来自共同的祖先。此外，这也预示着现代遗传学理论的诞生。

三名相互独立的研究者在大致同一时期分别进一步阐述了索恩克的空间群理论。1891年，阿瑟·莫里茨·肖恩弗利（Arthur Moritz Schoenflies，1853—1928）指出，在三维空间中有230种可能的空间群。他考虑到32种晶类与14种布拉维格子的组合，并加入新的对称性，如索恩克的螺旋旋转。实际上，在他之前，俄罗斯的埃夫格拉夫·斯捷潘诺维奇·费多罗夫（Evgraf Stepanovich Fedorov，1853—1919）已经独立发现了230种空间群。然后，或许在同一时间，英国一名伟大的业余科学家威廉·巴洛（William Barlow，1845—1934），也发现了同样的230种空间群。此外，巴洛根据球体堆积的不同排列提出了有关晶体结构的猜想，以解释物质特定的晶体形式和化学成分。巴洛从当地商店买走了大量白手套，在常人眼里他显然是个相当古怪的人。根据一个故事所说，在他去世后，人们在他家的墙壁上发现了许多手套，这些手套的排列方式与空间群对称性相对应。

因此，在19世纪末和20世纪初，关于晶体的知识主要是理论性的。当时，原子的概念甚至还没有被完全接受，而且这些原子（如果它们存在的话）是如何排列在晶体中的，除了一些基于球体密堆的非常简单的猜想外，其他情况不得而知。分子如何排列在晶体中也尚不清楚，但开创晶体学新纪元的突破时机已经成熟。

新时代的来临

1895年，威廉·康拉德·伦琴（Wilhelm Conrad Roentgen，1845—1923）在维尔茨堡发现，他使用的高压电放电管，似乎放射出能够穿透材料的神秘射线。由此，他意外地发现了X射线，这一发现立刻激发了大量的研究，人们试图弄清X射线究竟是什么。1901年，伦琴成为诺贝尔物理学奖的首位获得者。20世纪初期，有两种明显相互矛盾的理论，一种认为X射线由中性粒子束组成，另一种认为X射线是波。一些实验，如使用著名的威尔逊云室的实验，显示了与粒子通过的路径相对应的轨迹。其他实验则似乎表明了波的性质。然而，可以说大多数科学家认为X射线是波。

威廉·亨利·布拉格（William Henry Bragg，1862—1942，以下简称为WHB）走进了这场辩论。他坚信X射线是中性粒子束。他出生在英国坎布里亚，曾在剑桥学习数学，并以一等荣誉获得学位。不久之后，在J. J.汤姆逊（J. J. Thomson，1856—1940）的推荐下，WHB获得了澳大利亚阿德莱德大学的数学和物理学教授职位。1906年，汤姆逊因研究放电管（并发现了电子）而获得诺贝尔物理学奖。由于对物理学知之甚少，WHB不得不自学。19世纪末，他开始研究α粒子和新发现的X射线。在阿德莱德，他娶了政府天文学家、南澳大利亚邮政局局长兼电报总监查尔斯·托德爵士（Sir Charles Todd）的女儿格温多琳·托德（Gwendoline Todd）为妻。他们有三个孩子，其中一名男孩叫作威廉·劳伦斯·布拉格（William Lawrence Bragg，1890—1971，以下简称为WLB）。年轻的WLB很快展现出惊人的科学才华，遥遥领先于其他同学。1907年，为了让WHB能在利兹大学担任物理学教授，全家人搬到了英国。尽管WLB已经在阿德莱德取得了学位，但他还是去了英国剑桥大学学习数学，并于1912年以一等荣誉毕业。虽然关于粒子和波的争论仍在继续，但1912年年初发生了一件非常重要的事，可以说从某种程度上改变了科学界。

在德国慕尼黑，理论物理学家阿诺德·佐默费尔德（Arnold Sommerfeld，1868—1951）创立了理论物理研究所。该研究所主要研究粒子与波的问题。伦琴也移居到慕尼黑，继续他的X射线实验。年轻的马克斯·西奥多·菲利克斯·劳厄（Max Theodor Felix Laue）随后加入佐默费尔德的研究所担任私人讲师（德语系大学中颁发的学术头衔，后来他的父亲在1913年被授予荣誉称号时，他的名字中又多了一个"von"，即"冯"）。当时，保罗·彼得·埃瓦尔德（Paul Peter Ewald，1888—1985）是佐默费尔德的研究生，负责研究辐射在固体中的传播。同时，保罗·卡尔·莫里茨·尼平（Paul Karl Moritz Knipping，1883—1935）是伦琴的学生，沃尔特·弗里德里希（Walter Friedrich，1883—1968）则在佐默费尔德的研究所担任助手。

据说有一天，埃瓦尔德碰巧向劳厄提到，晶体被认为是由周期性排列的原子组成的。劳厄反过来问他晶体中典型的重复距离是多少，埃瓦尔德说它们可能是埃（Å）的数量级（1 Å = 10^{-10} m）。劳厄后来说，在埃瓦尔德发表评论后，他突然有了一个想法：如果将晶体想象成三维周期性阵列，那么使用适当波长的辐射，它也许可以充当一种衍射光栅（衍射是光在穿过狭缝、孔或物体周围时发生的散射）。如果这些孔呈规则排列（衍射光栅），则光线会发生弯曲，从而在屏幕上形成周期性图案。

人们认为，根据一些早期X射线通过狭缝的实验，如果X

射线是波，则波长应该在埃的数量级范围内。因此，劳厄有了一个绝妙的想法：为什么不看看晶体是否能够衍射X射线？然而，当劳厄向佐默费尔德寻求资源进行这项实验时，佐默费尔德拒绝将他的团队用于他认为是浪费时间的实验上。为什么他持这种观点还不清楚。埃瓦尔德后来给出见解，即佐默费尔德可能会认为原子的热振动将消除任何看到衍射的可能性。另外，劳厄对衍射过程的描述显然存在缺陷，因为他认为入射的X射线是这些次级辐射，而不是入射光束被衍射。因此，佐默费尔德可能认为这不会引起衍射现象。

无论如何，似乎劳厄设法说服了弗里德里希和尼平暗中进行实验。埃瓦尔德曾告诉笔者，为了进行这个实验，他们实际上"偷"走了伦琴的X射线装置，然后在晚上进行了最初的实验。经过几次失败的尝试后，他们最终在1912年4月21日取得了成功。他们使用的第一种晶体是硫酸铜五水合物——一种使用通用或小型化学实验设备便可以轻松获得的蓝色晶体。选择它是因为人们知道铜在受到X射线照射时会产生强烈的次级辐射（荧光）。经过大量实验，他们最终拍摄到了一张粗糙的照片。在照片中，主要的X射线光束位于中心，但在光束外有一些模糊的斑点，表明存在衍射现象。然后他们使用了一块硫化锌（ZnS）晶体，该晶体在胶片上显示出许多清晰的斑点。此外，当晶体以特定方向摆放时，还显示出四重对称性的证据。据说佐默费尔德为了庆祝这一伟大的发现举办了一场派对，不过他没有邀请劳厄，当时他们之间尚存有某些芥蒂。劳厄、弗里德里希和尼平的实验示意如图5所示。

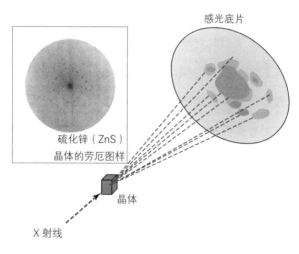

感光底片

硫化锌（ZnS）
晶体的劳厄图样

晶体

X 射线

图5　劳厄、弗里德里希和尼平的实验示意

　　劳厄随后需要解释胶片上的斑点图案。他推导出了一组方程，如今被称为劳厄方程。利用这些方程，他可以解释硫化锌衍射图案上的许多斑点，但并非全部。他似乎做了一些错误的假设。

首先，由于某些无法理解的原因，他坚持了次级辐射的想法。他本应意识到这是错误的，因为弗里德里希和尼平利用一块金刚石晶体也获得了一个良好的斑点图案。金刚石由碳原子组成，这么轻的原子不会产生明显的荧光。最终，劳厄试图用单一波长的X射线解释图案；后来为了更好地拟合图案，他甚至使用了五个不同波长的X射线，但结果仍然不理想。此外，劳厄当时对晶体结构的各种理论了解有限，他后来也承认了这一点。他假设在硫化锌中，分子会位于立方体单元晶胞的角落，这也被称为简单立方结构。实际上，这样的原子排列方式是极不可能的，在正常条件下，只有钋晶体才会以这种方式结晶。

在这时，曾与WHB一起求学的挪威科学家拉斯·韦加德（Lars Vegard，1880—1963）恰好在慕尼黑，并听说了劳厄的发现。他给WHB写了一封著名的信件，详细描述了德国的实验，自然而然地，WHB对此产生了浓厚的兴趣。当时，他还在坚持自己的X射线粒子理论，他觉得他可以解释劳厄的图案，但不是以波的形式，而是将它看作是在晶体中的原子之间"行走"的粒子。WLB与他一起在利兹进行了一些实验以证明这一观点，但实验失败了。

回到剑桥后，WLB继续思考这个问题。当他在国王学院后面散步时，他突然意识到自己可以解释劳厄的照片了。德国的实验确实表明X射线是波。WLB良好的光学理论基础源自C. T. R. 威尔逊（C. T. R. Wilson，1869—1959）的课程和亚瑟·舒斯特（Arthur Schuster，1851—1934）于1909年出版的《光学理论导论》一书。

他特别注意到胶片上的斑点呈椭圆形，并且在胶片离晶体越远时变得越扁平，这表明X射线光束经历了某种反射。他知道晶体结构理论意味着原子应该位于平行的晶面上，这些晶面在任何方向都可见。于是，他假设入射X射线可以被想象成被一组特定的晶面反射，类似于镜子，但不同的是，反射的射线可以相互干涉，根据其波峰同相位或不同相位而产生建设性或破坏性干涉。因此，这产生了一个计算胶片上斑点（人们现在称之为反射点）位置的简单方程。最初，它的形式是

$$n\lambda = 2d\cos\theta$$

其中，λ是波长，d是平面之间的间距，θ是X射线束与晶面垂直线之间的夹角（n为整数）。它很快被改为

$$n\lambda = 2d\sin\theta$$

通过重新定义θ为X射线束与晶面的夹角，这个方程就是现在所使用的布拉格定律。如图6所示，ABC指的是入射波和出射波之间的相位差。为了产生构造性干涉，它必须等于波长的整数倍。只有当三个变量的值同时满足这个方程时，才会产生衍射峰；否则，在胶片上就没有衍射斑点。WLB还意识到弗里德里希和尼平使用的X射线肯定是白光，即由连续波长构成，而不是由几个特定的波长构成。

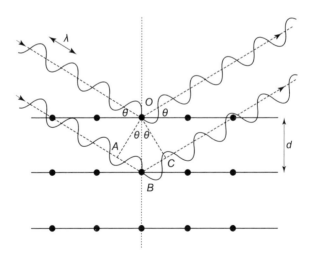

图6　布拉格定律示意

劳厄认为X射线束中只有几个特定的波长，因为他认为白色光束会使胶片均匀变暗。但是布拉格定律表明，只有那些波长λ的值，在与d和θ的关系上同时满足这个方程时才会被自动挑选出来。

除此之外，WLB还发现，通过假设分子不仅位于立方体晶胞的顶角，还占据每个面的中心，也就是所谓的面心立方排列，他就能够解释完整的硫化锌衍射图案。在这方面，他很幸运地接触到晶体结构的简单模型。这些模型由剑桥大学化学教授威廉·波普（William Pope，1870—1939）和威廉·巴洛进一步推动发展。

WLB的论文描述了他的理论，由J. J. 汤姆逊在1912年11月11日向剑桥哲学协会宣读，并随后发表。可以说，这篇论文开启了现代X射线晶体学领域的先河，对于一名只有22岁的年轻人来说，是一件非常了不起的事！

但事情并没有就此结束。WHB现在相信儿子的理论，即X射线确实是波。事实上，他超前地提出，它们实际上既是波又是粒子，这取决于所做实验的类型。1924年，这一想法以路易斯·维克多·德布罗意（Louis Victor de Broglie，1892—1987）的波粒二象性假说的形式被广泛接受。WHB过去常说：周一、周三、周五，人们采用波的理论；周二、周四和周六，人们在飞行的能量量子或粒子流中思考。

1913—1914年，WHB开始与儿子WLB一起使用这种新方法研究晶体的结构，从最简单的开始，逐渐转向越来越复杂的晶体。WLB在他的诺贝尔演讲中回忆道：那是一个美妙的时代，就像发现了一处新的金矿，可以在地上捡到金块，每周都有令人激动的新结果。这一时期最重要的进展是WHB引进了电离光谱仪，由利兹大学一名负责仪器研发的工程师C. H. 詹金斯（C. H. Jenkinson）制造。这个设备通过扫描每个强度最大值，精确测量每个X射线反射点的强度，相对于劳厄方法来说是一个重大进步。笔者认为，正是这种光谱仪的使用导致了布拉格公式从余弦形式到正弦形式的改变，因为光谱仪测量所有角度的固有方式是从入射光束开始，逐渐向更高角度移动。该光谱仪是现代衍射仪的前身，现今几乎全世界的晶体学实验室都在使用这种仪器。（图7）

（a）威廉·亨利·布拉格坐在　　　（b）一台现代衍射仪
电离光谱仪前

图7　电离光谱仪与现代衍射仪

1913年，WLB使用光谱仪和劳厄方法确定了碱金属卤化物的晶体结构。这是首个完整确定晶体结构的模型。在他提出的氯化钠（普通食盐）晶体结构模型中，钠原子和氯原子等间距且在所有方向上交替排列，类似于国际象棋棋盘上的方格。有趣的是，这个结构模型在当时是极具争议的：许多化学家不喜欢它，因为他们预期这两种离子将形成分子。当时并没有发展出离子键的概念。例如，利兹大学的化学教授亚瑟·斯密瑟尔斯（Arthur Smithells，1860—1939）甚至"恳求"WLB："请让钠离子靠近一点氯离子！"

英国化学家H. E. 阿姆斯特朗（H. E. Armstrong）早在1927年就给《自然》杂志写了一封有趣的信，也可以看出人们对WLB结构模型的反对：

可怜的盐！

如同伯恩斯所说，有些书从头到尾都是谎言。科学（无庸置疑）的猜测似乎正在朝着这种状态发展！……威廉·劳伦斯·布拉格教授断言："在氯化钠中，似乎没有由NaCl代表的分子。钠原子和氯原子的数量相等是通过这些原子的棋盘式格局实现的；这是几何而不是原子配对的结果。"

这个说法完全违反常识。它荒谬到了极点，与化学无关。化学既不是象棋也不是几何学，无论X射线物理学可能是什么。不能允许这种对人们最必要的调味品的分子性质毫无根据的抨击。可以向布拉格教授推荐一些关于使徒保罗的研究，作为研究X射线必要的预备知识。特别是最近在利兹的平地赛马会上，有人坚持主张科学是追求真理的。是时候让化学家再次掌管化学领域，保护新手免受对"虚假神明"崇拜的影响，至少教导他们寻找更多的证据，而不仅仅是棋盘上的证据。

有趣的是，1883年，威廉·巴洛也曾推测碱金属卤化物可能遵循WLB的原子交替模型。令人好奇的是，爱丁堡大学化学学院的收藏中有一个由亚历山大·克鲁姆·布朗（Alexander Crum Brown，1838—1922）在同一年制作的模型，他使用了交替的彩色毛线球模拟氯化钠的结构。不知道他们是否知道对方的想法。

在确定了盐的结构之后，WHB和WLB还公布了金刚石的晶体结构，这是一个非常重要的结构，特别是因为它的原子排列与硅和锗基本相同。现代电子技术的发展就依赖于这一知识。

父子俩继续狂热地工作，更全面地发展这一课题，推导出越来越复杂的晶体结构。但随着第一次世界大战的爆发，这项工作停滞了下来。WHB开始为英国海军部工作，研究使用水听器探测潜艇；而WLB则前往法国前线，加入了一个从事声音定位以侦测敌方火炮位置的特殊部队。WLB的这项工作取得了巨大成功，其领导的部队所做的贡献被认为在缩短1918年战争时间方面起到了重要作用。

在战争期间，劳厄获得了1914年的诺贝尔物理学奖，而1915年的奖项则颁给了WHB和WLB。布拉格父子是唯一共同获得诺贝尔奖的父子团队，而年仅25岁的WLB则成为科学领域中最年轻的诺贝尔奖获得者。（图8）

图8 马克斯西奥多·菲利克斯·冯·劳厄（左）、威廉·劳伦斯·布拉格与威廉·亨利·布拉格父子（右）

战后，布拉格父子回到了晶体学研究领域。WHB成立了一个主要研究含有机分子晶体的研究小组，而WLB为了不和父亲的研究方向产生重叠，前往曼彻斯特从事金属和无机材料的研究。有趣的是，布拉格父子鼓励女性从事科学研究，这在当时是很少见的。事实上，在WHB的18名学生中，有11名是女性，其中包括凯瑟琳·朗斯代尔（Kathleen Lonsdale，1903—1971），她是英国皇家学会最早的两位女会士之一。

她解决了六甲基苯的结构问题，表明碳原子的六边形环是平面的，这对芳香化合物的化学研究来说是一个重要的发现。令人敬畏的约翰·德斯蒙德·贝纳尔（John Desmond Bernal，1901—1971）于1922年加入WHB的研究小组，他也鼓励女性科学家，其中最著名的是他的学生多萝西·克劳福特·霍奇金（Dorothy Crowfoot Hodgkin，1910—1994）。霍奇金在1964年因青霉素和维生素B_{12}的结构确定获得了诺贝尔化学奖。更不止于此，她在1969年领导一个团队解决了胰岛素的结构问题。贝纳尔的另一名学生是著名的海伦·梅高（Helen Megaw，1907—2002），她致力于研究冰的结构、长石等矿物质，以及具有重要电学性质的材料。南极洲的梅高岛就是以她的名字命名的，以纪念她在冰结构上的贡献。

因此，晶体学领域不仅在英国，而且在世界许多国家继续蓬勃发展，并取得了许多重要发现。WLB于1938年转至英国剑桥大学的卡文迪许实验室，并在那里建立了一个极为成功的晶体学实验室。他与马克斯·珀鲁茨（Max Perutz，1914—2002）合作。珀鲁茨和约翰·肯德鲁（John Kendrew，1917—1997）一起解析了肌红蛋白和血红蛋白（血液中运输氧气的分子）的晶体结构。这些是第一个被解析的蛋白质结构，因此二人获得了1962年的诺贝尔化学奖。几乎同时，在WLB的实验室里，詹姆斯·沃森（James Watson，1928—）和弗朗西斯·克里克（Francis Crick，1916—2004）阐明了DNA分子的结构，开创了现代遗传学。这项工作是与莫里斯·威尔金斯（Maurice Wilkins，1916—2004）和罗莎琳德·富兰克林（Rosalind Franklin，1920—1958）及伦敦国王学院当时的博士生雷蒙德·高斯林（Raymond Gosling，1926—2015）合作的结果。正是富兰克林的著名X射线照片51号给了沃森和克里克一个证明DNA为双螺旋的证据。沃森、克里克和威尔金斯共同获得了1962年的诺贝尔生理学或医学奖，但富兰克林此时已经去世，因此无法获得奖项。

威廉·阿斯特伯里（William Astbury，1898—1961）最初与WHB合作，然后前往利兹，并成为分子生物科学的先驱者。事实上，在弗兰克林拍摄X射线照片51号的一年之前，他也拍到了类似的照片。然而，他没有意识到它的重要性，可能是因为他当时在一项重大研究基金被拒绝后，经历了一段失意的时期。

从卡文迪许实验室退休后，WLB担任了英国皇家学会的理事，并在那里建立了另一个重要的研究小组。在这里，戴维·钱顿·菲利普斯（David Chilton Phillips，1924—1999）和其他人于1965年解析了第二个蛋白质结构和第一个酶结构，即溶菌酶的结构。溶菌酶存在于蛋清和眼泪中，负责消灭有害细菌，是免疫系统的重要组成部分。

在许多其他国家，晶体学也取得了重要进展。例如，在美国，林纳斯·卡尔·鲍林（Linus Carl Pauling，1901—1994）在原子如何结合及蛋白质结构中包含螺旋排列的氨基酸方面做出了重要贡献。鲍林在1954年获得了诺贝尔化学奖（他还在1962年获得了诺贝尔和平奖）。

近些年，晶体学在发明新技术及解决越来越复杂结构的能力方面不断进步。如今，解析包含数千个原子的具有生物学重要性的物质的结构已成为常规，这是早期结构测定研究者无法预见的。晶体学实验室遍布世界各地，在大学、工业界和研究机构中无处不在，这些地方都需要有关固体原子结构的知识。根据国际晶体学联合会（IUCr）的数据，目前全球大约有3万名晶体学家。

第二章
对称性

02

对称性的定义

为了解释晶体是什么及描述晶体结构，人们需要理解对称性的作用，因为它是晶体学的核心。对称性指的是物体在经历某种转换后，看起来与原来没有改变的性质。二维对称性示例如图9所示。因此，如果一个物体绕轴旋转后看起来没有发生变化，则可说该物体具有旋转对称性。如图9（a）所示，"SWIMS"（游泳）这个单词翻转过来看也是一样的，它具有二重旋转对称性，即可以旋转180度而保持不变。同样，如果物体可以通过一个平面反射而保持不变，人们称之为镜面对称性或反射对称性，如图9（b）所示。对称性经常以组合的形式出现：因此，图9（a）从左数第二和第五个图像既具有旋转对称性，又具有镜面对称性。需要注意的是，第四个图像没有镜面对称性，但它具有四重旋转轴。

二重　　二重　　　三重　　　四重　　　六重

（a）绕着垂直于页面的轴旋转

（b）沿着垂直平面反射

图9　二维对称性示例

这些例子就是人们所说的点对称的例子。换句话说，它们是通过一个点施加的对称操作来描述的。但这与晶体有什么关系呢？晶体也展现出点对称性，而且在经典晶体中，三维空间中有32种可能的类别，二维空间中有17种可能的类别。这些类别由对称操作的组合形成，这在数学中被称为群。例如，考虑石英晶体的对称性，如图10（a）所示。这个晶体有几个扁平的面，图中标记为 m、r 和 z。值得一提的是，右侧晶体是左侧晶体的镜像：它们通过一个反射面建立了对映关系，无法通过旋转使之等价（人的左右手也是如此，可以试试看能否成功通过简单的旋转将左手变成右手）。这种被称为手性的对称性类别赋予了石英一种有趣的特性。一些石英晶体可以向一个方向旋转光的偏振面，而另一些则使其向相反方向旋转，类似于巴斯德的酒石酸盐。正如他发现的那样，人们可以观察到，这两类晶体的确是彼此的镜像，其内部的原子排列也是如此。

左侧晶体上的箭头代表旋转轴。因此，标有3的轴表示三重旋转，物体绕轴连续旋转120°后看起来不变，而标有数字2的轴表示二重旋转。可以看到，例如，二重旋转如何将标记为 m、r 和 z 的面联系起来。在图10（b）中，用一个在相同视角上的球代替晶体，并显示了旋转轴。这次使用了被国际晶体学联合会采用的符号。三角形表示三重轴，椭圆形表示二重轴。图10（c）显示了这个球体沿三重轴俯视的投影，被称为极射赤面投影或简称为极图。请注意，由于三重轴的存在，共有三个二重轴，三者之间的夹角均为120°：这表明每个对称操作都会影响所有其他的对称操作，这是数学群论的一个特性。图10（d）显示了在这个对称群中放置物体会发生什么。圆圈代表这样一个物体，在石英晶体的例子中，它们可以代表m面。或者，它们可以代表构成晶体原子结构的原子、原子团或分子。加号和减号表示该对象是位于投影平面的上方还是下方。由于二重轴位于该平面内，上方的物体会围绕轴旋转以出现在平面下方。可以看到，三重轴和二重轴的组合有六个相关的m面，交替指向上方和下方。这个晶体的所有对称操作的完整列表是

$$1 \quad 3 \quad 3^2 \quad 2 \quad 2 \quad 2$$

符号1是数学上的普通的恒等运算，对表征物体没有任何作用，仅仅为了保持完整性而罗列。符号3^2表示两次120°的旋转，即总旋转角度为240°。注意，$3^3 \equiv 1$，换句话说，它将物体带回到其原始位置：这种行为是数学群的一个属性。这个特定的操作群是32种可能的点群之一，在国际符号体系中，

这个点群的符号是32。表1列出了32种点群的的两种常用符号体系：圣佛利斯符号和国际符号。

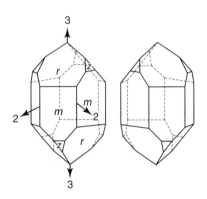

（a）两个石英（SiO₂）的对映体晶体

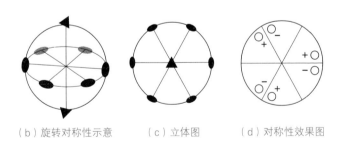

（b）旋转对称性示意　　　（c）立体图　　　（d）对称性效果图

图10　石英晶体的对称性

表 1　两种常用符号中的 32 种点群

晶系	圣佛利斯符号	国际符号	轴限制
三斜	C_1	1	—
	S_2（C_i）	$\bar{1}$	
单斜	C_2	2	$\alpha = \beta = 90°$
	C_{1h}（C_S）	m	
	C_{2h}	2/m	
正交	D_2（V）	222	$\alpha = \beta = \gamma = 90°$
	C_{2v}	$mm2$	
	D_{2h}（V_h）	mmm	
四方	C_4	4	$a = b$；$\alpha = \beta = \gamma = 90°$
	S_4	$\bar{4}$	
	C_{4h}	4/m	
	D_4	422	
	C_{4v}	$4mm$	
	D_{2d}（V_d）	$\bar{4}2m$	
	D_{4h}	4/mmm	
三方	C_3	3	$a = b$；$\alpha = \beta = 90°$；$\gamma = 120°$
	S_6（C_{3i}）	$\bar{3}$	
	D_3	32	
	C_{3v}	$3m$	
	D_{3d}	$\bar{3}m$	
六方	C_6	6	$a = b$；$\alpha = \beta = 90°$；$\gamma = 120°$
	C_{3h}	$\bar{6}$	
	C_{6h}	6/m	
	D_6	622	
	C_{6v}	$6mm$	
	D_{3h}	$\bar{6}m2$	
	D_{6h}	6/mmm	
立方	T	23	$a = b = c$；$\alpha = \beta = \gamma = 90°$
	T_h	$m\bar{3}$	
	O	432	
	T_d	$\bar{4}3m$	
	O_h	$m\bar{3}m$	

除了按照点群进行分类之外，晶体根据所具有的对称性被分为七大晶系。因此，三斜晶系晶体（图11）包含两个点群，1和$\overline{1}$：其中第一个点群除了单位元之外没有其他对称性。

第二个点群上方有一条线，这是表示一个中心反演的符号（也称为一个对称中心）。这是一种对称性，其中晶体中任意坐标为x、y、z的点等效于一个坐标为$-x$、$-y$、$-z$的点。值得注意的是，左侧晶体的正面缺少一个标记为m的小面，因此中心反演被去除了。

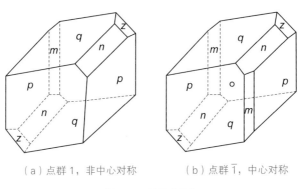

（a）点群1，非中心对称　　（b）点群$\overline{1}$，中心对称

图11　三斜晶系晶体

现在假设人们试图附加参考轴以定义这两个晶体的面，

如图12所示，晶体学家将它们标记为a、b和c，而这些轴之间的角度则用α（在b和c之间）、β（在a和c之间）和γ（在a和b之间）表示。这种三斜对称性的结果是轴或轴间角之间不存在任何关系。重要的是要理解，轴和角度之间的任何限制都是由晶体中存在的对称性所决定的，而不是相反的过程。表1的最后一列给出了每个晶系中由对称性所产生的轴和角度的限制。在立方晶系中，总是有四条三重旋转轴存在，正是这种旋转组合使轴a、b和c相互交换，使它们相等且彼此之间成直角。

一个完全可能发生的例子是，在实际晶体测量中发现$a=b$，并且轴之间的夹角都等于90°，似乎表明晶体属于四方晶系。然而，更仔细地测量或观察晶体结构（原子在结构中的排列），可以发现实际上没有出现所需的四重旋转轴，即晶体不能是四方晶系。表面上看到的轴向和角度的相等只是偶然，并不完全正确。笔者研究过的一个例子是锆酸铅化合物，从轴和角度的测量来看，它似乎是四方晶系，但实际上根据晶体中原子的排列来看，它是正交晶系。因此，以轴向关系而不是以对称性定义晶系是不好的做法，许多教科书在这一点上具有误导性。

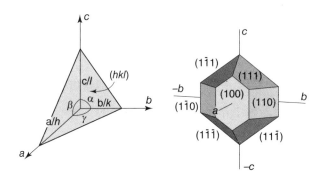

图12 晶面的米勒指数，以水砷锌矿晶体为例进行晶面指数编号

米勒指数

现在人们看到，宏观晶体往往具有由对称性连接的平面，分子的内部排列也在与对称性相关的平面上，因此使用一些符号来指定这些平面是很重要的。威廉·哈洛斯·米勒（William Hallowes Miller，1801—1880），一名威尔士矿物学家，提出了一种人们称之为米勒指数的符号表示方法。

仍以图12为例，考虑一个与三条轴 a 、 b 和 c 相交的平面。假设这个平面在这三条轴上的截距分别为 a/h 、 b/k 和 c/l。从早期晶体学家的观点可以推断出，一般晶体中的 h 、 k 和 l 是整数。根据惯例，这个平面用米勒指数（hkl）表示。米勒指数用于描述宏观晶体的实际表面或构成晶体结构的原子和分子平面的集合。根据WLB和WHB提出的衍射理论，X射线衍射斑点来自晶面散射，因此它们也被标记为hkl，但不加括号。

图12还显示了立方矿物金刚砂面的标记。该面垂直于a轴，与b轴和c轴平行。因此，它在轴上的截距为（a/h ∞ ∞），这等效于（a/h $b/0$ $c/0$），因此米勒指数为（$h00$）。按照惯例，人们取h为最小整数，以便在标记实际晶体表面时得到（100）。（111）面截断了三个轴上的单位截距。在标记X射线反射时，h、k和l可以取较大的值。

晶格

使用点对称性描述晶体对于处理晶体的外部形态（形状）是适合的，但当涉及原子的内部排列，即晶体结构时，需要增加另一种类型的对称性。这被称为平移对称性，代表了空间中的周期性。实际上，这种对称性是所有正常晶体中最基本的对称性类型。（这里假设晶体是完美的，尽管应该了解，实际晶体通常包含一些缺陷和位错，这会局部破坏平移对称性。）

这对于固体材料的许多性质（热性质、电性质、机械性质、光学性质等）具有重要的影响。平移对称性不仅存在于晶体中，还存在于许多其他领域中。例如，组成墙壁的砖块以规律的排列方式堆积在一起，涉及在二维空间中的重复。壁纸和地毯的设计也展示了平移对称性。

如图13所示是构建晶体结构的一个例子。数学家用一种巧妙的方式表示平移对称性，人们称之为晶格。它只是一个规则的点阵数组，是一个数学概念，并不存在物理实体。它仅仅起到一种模板的作用，告诉人们如何摆放原子和分子。因此，图中的点不应与原子混淆。图13中还显示了一个由实线包围的区域，标记为A。这是一个晶胞，具有占据一定空间区域的性质，可重复填满整个空间，就像将瓷砖重复铺在地面上，不留任何间隙。有无限种方式定义晶胞：举例来说，图13中还显示了两种其他可能的选择，B与A的体积相同，每个晶胞中都包含一个格点。

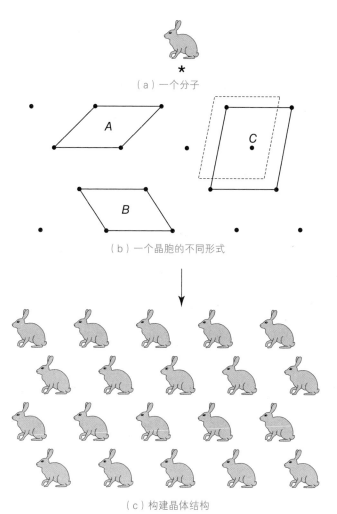

（a）一个分子

（b）一个晶胞的不同形式

（c）构建晶体结构

图13　构建晶体结构的例子

一方面，只包含一个格点的晶胞被称为初基晶胞，此时晶格可以被称为初基晶格。另一方面，晶胞C的体积是初基晶胞的两倍：它包含两个格点（一个有用的提示是稍微移动晶胞的原点，然后数一下内部格点的数量，如图13中的虚线所示）。这种类型的晶胞被称为中心化晶胞。晶体学家在选择特定的晶胞描述时使用了许多约定，但原则上，任何选择都是可以的。

晶格对称性的一个重要方面是旋转对称性的类型数是有限的，只能是一、二、三、四和六重。在传统的晶格理论中，不可能存在五重或七重对称性。如果你试图用五边形或七边形瓷砖铺设地面，则会发现这是不可能的，无法实现无间隙的平铺，从而打破了晶格所需的周期性。如果你感觉自己足够富有，可以用多边形的硬币尝试一下（例如，英国使用的50便士硬币有七个边）。如果这些硬币是六边形，则可以将多枚硬币不留空隙地放在桌子上，这将使视力有障碍的人很难拿起它们。

19世纪，布拉维证明了当考虑晶系的对称性时，实际上只有14种唯一类型的晶格（图14），而任何其他类型的晶格描述都可以通过某种变换等效于这14种中的一种，例如通过旋转和重新定义坐标轴。

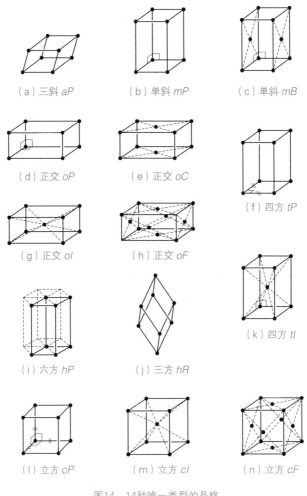

（a）三斜 *aP*　　（b）单斜 *mP*　　（c）单斜 *mB*

（d）正交 *oP*　　（e）正交 *oC*

（f）四方 *tP*

（g）正交 *oI*　　（h）正交 *oF*

（i）六方 *hP*　　（j）三方 *hR*

（k）四方 *tI*

（l）立方 *cP*　　（m）立方 *cI*　　（n）立方 *cF*

图14　14种唯一类型的晶格

下面考虑几个例子。立方晶系是由四个三重对称轴定义的。在图14中显示了三种立方体晶胞。第一种是基本的，标记为cP，四条体对角线与四条三重对称轴重合。第二种在晶胞的中心有一个额外的格点，称为体心，标记为cI。由于额外的点位于体对角线的交点上，所以四条三重对称轴保持不变。类似地，如果在立方体面的中心放置格点，则称为全面心（cF），也会保持四条三重对称轴。然而，假设人们只在立方体的顶面和底面的中心放置格点，而不在其他面上放置。如果将c轴定义为与这个面垂直，这就形成了C面的面心。这使得立方体的各个面之间不再相互等效，破坏了立方体的三重旋转对称性，因此这种类型的面心结构不属于立方晶系。（尽管在晶体中，人们可能会发现不经意间出现$a = b = c$，$\alpha = \beta = \gamma = 90°$的情况）。

在四方晶系中，人们可以看到两种可能的选择，一个初基晶胞tP和一个体心晶胞tI。这两种晶胞都保持了沿c轴定义四方晶系的四重旋转轴的对称性。如果在顶面和底面的中心添加格点，这将形成一个tC面心的晶胞，它仍然保持沿c轴的四重旋转轴的对称性。然而，通过重新定义绕c轴旋转45°的a轴和b轴，可以得到tP晶胞；因此，tC并不具有唯一性，尽管使用这种晶胞描述是完全可行的。类似地，tF通过相同的绕c轴旋转等效于tI。按照这种方式进行下去，可以发现实际上只有14种唯一的可能性。

晶体结构

正如晶格是点的规则阵列一样，晶体结构由物理实体（原子和/或分子）的规则阵列组成。在图13（a）中，人们从一个分子开始，这里用一只兔子代表它，然后以某种方式将它与晶格结合起来，以数学的方式生成晶体结构，如图13（c）所示。有一种很好的数学工具可以做到这一点，人们称其为卷积。简单地说，将分子M与晶格L进行卷积定义了晶体C。笔者将以符号方式写出这个定义：

$$C = M * L$$

这项数学运算可以理解为：使分子M在晶格L上滑动，每当分子M经过一个格点时，便将其固定在那里。这种方式可以创建出一组重复的分子，它们与晶格一致。因此，上面的方程可以看作是晶体结构的数学定义。从数学上讲，晶格是无限的，所以这将定义出一个无限的晶体。如果人们想要定义一个有限大小的晶体，则可以引入一个数学的"形状"函数S，它在区域内取值为1，在区域外取值为0，那么：

$$C = M * (L \times S)$$

通过形状函数的乘法运算，确保没有分子位于定义区域（S）之外。事实上，在晶体结构上也可以画出一个晶胞，就像在晶格上一样。在描述晶体结构时，晶体学家通常会从一个晶胞开始，并将原子或分子放置其中。通过在三个维度上堆积晶胞的副本，形成晶体结构。通过这种方法，为了描述一个典型晶体中大约10^{30}个原子的位置，晶体学家只需要列出一个晶胞内部所有的原子位置，然后让平移对称性自动生成所有其他的原子位置。利用对称性的方法节省了大量的人力。

空间群

在应用中，晶体学家使用了一种更为简洁的方法生成晶体结构的描述。假设除了晶格重复之外，还考虑了分子的点对称性。这意味着不需要指定分子中的所有原子位置，而是再次利用对称性生成分子中的所有原子，然后利用晶格生成晶体结构。这就是绘制晶体结构的计算机程序的工作方式，进而节省了更多的工作量！

这32种点对称性和14种布拉维格子的组合产生了所谓的空间群。共有73种不同类型的空间群，被称为对称空间群。然而，人们在19世纪意识到，点对称性和晶格的组合导致了一些新的对称操作，即螺旋和滑移。螺旋涉及原子的旋转，加上原子沿晶胞长度的一部分产生平移，形成螺旋排列。滑移是指通过镜面反射后，进行部分平移。这些额外的对称操作产生了另外157种非对称的空间群，总数达230种。

因此，任何普通的晶体都属于230种空间群类型之一。有两种符号表示空间群：国际符号和圣佛利斯符号。晶体学家几乎总是使用国际符号。所有这些空间群类型都列在《国际晶体学表》中。其在国际晶体学表委员会的主持下经过了多次修订，最新的内容收录在A卷中。这是一项非常重要的工作，任何从事晶体学工作的人都必须对其中的内容非常熟悉。

第三章
晶体结构

密堆结构

在1912年劳厄和布拉格父子取得突破之前，人们对晶体结构的了解主要是通过推理和猜想形成的，其基础是当时已知的对称性概念和晶体的外部形状。

球体的堆积被证明是描述许多简单的无机结构，特别是元素结构的一种有用方式，并随后通过X射线衍射得到证明。

图15展示了球体（代表原子）如何堆积在一起形成不同的结构排列。将一组球体紧密接触形成标记为A的一层。这种排列具有六重对称性。现在，人们应该看到球体之间存在小的间隙，而且实际上有两种间隙类型，在图中标记为1和2。现在人们添加另一层B，使得球体正好位于标记为1的间

隙上。假设第三层与A层完全相同，然后继续形成一个重复结构：ABABABAB…。这样的结构形成了所谓的密排六方结构（hcp），这种结构在许多元素中都存在，例如，铍、镁和锌。

如果将第三层球体放置在标记为2的间隙上，形成ABC三层，然后继续按ABCABCABC…形成重复结构，就得到了立方密堆结构（ccp），这是铜、银和金等元素常见的排列方式。在这种结构中，原子被排列在晶胞的角上和面心上，形成面心立方结构（fcc），这是开普勒提出的球体堆积模型的排列方式。

从开普勒的研究中，人们可以回顾一个重要的观点，即原子之间紧密堆积的原因是它们在这样做时形成了最密集的排列。原子（和分子）似乎希望尽可能互相靠近以形成稳定的结构。例如，在面心立方晶体中，具有三重对称性的三角形面往往比具有四重对称性的方形面大：三角形面上的球体堆积密度约比方形面上的球体堆积密度高15%。这导致晶体往往自然地以八面体的形式生长。

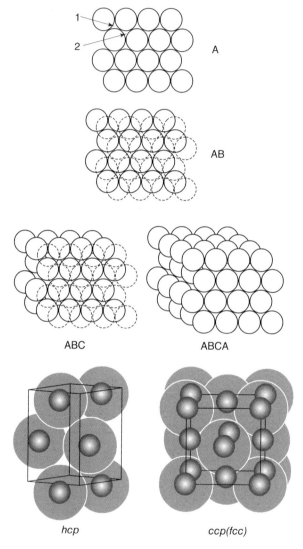

图15 球体（代表原子）的堆积

假设人们将原子放置在立方体晶胞的顶点，并将一个相同类型的额外原子放置在晶胞的中心，这就形成了体心立方结构（*bcc*），具有体心格子。这不是一种密堆结构，但仍然很常见。例如，钼的结构就是体心立方结构。假设晶胞中央的原子与顶点的原子不同，如图16（a）所示。例如，氯化铯（CsCl）的结构由一个初基晶格描述，并不是体心格子。不幸的是，有些教科书在这一点上搞得非常混乱，并错误地将其描述为具有体心格子。

图16（b）展示了另一种立方结构，即普通食盐的结构。该结构于1913年由WLB确定，在当时非常具有争议。为了生成这种结构，考虑将一个钠原子放置在立方体晶胞的原点上，换句话说，在相对于晶胞的三个轴上的坐标是（0，0，0）。然后，在立方体晶胞的边的中点处放置一个氯原子，即在（1/2，0，0）处。食盐结构属于面心立方结构，将两种原子分别取分数坐标：（0，0，0），（1/2，1/2，0），（1/2，0，1/2）和（0，1/2，1/2）。由此得出了食盐结构中八个原子的位置如下：

Na:（0，0，0），（1/2，1/2，0），（1/2，0，1/2），（0，1/2，1/2）

Cl:（1/2，0，0），（0，1/2，0），（0，0，1/2），（1/2，1/2，1/2）

值得一提的是，现在的晶体学家会使用空间群符号 $Fm\bar{3}m$（国际符号）来描述该结构，在该结构中钠的位置为（0，0，0），氯的位置为（1/2，1/2，1/2）。空间群的对称性生成了晶胞中的其余六个原子。图16（c）展示了另一个重要的晶体结构，即金刚石的晶体结构（同时也适用于硅和锗）。这是布拉格父子在1913年确定的第二个晶体结构，具有特殊的重要性。值得强调的是，该结构仍然是立方体，并具有面心格子。然而，为了形成该结构，人们首先将碳原子置于（0，0，0）的位置，然后将第二个碳原子置于（1/4，1/4，1/4）的位置，再将其与面心立方结构中的四个格点组合起来，得到八个碳原子的位置：

（0，0，0），（1/2，1/2，0），（1/2，0，1/2），（0，1/2，1/2）（1/4，1/4，1/4），（3/4，3/4，3/4），（3/4，1/4，3/4），（1/4，3/4，3/4）

同样，现在的晶体学家会使用空间群符号 $Fd\overline{3}m$ 来描述此结构，其中碳原子的位置为（0，0，0）。请注意，空间群的概念使得结构的定义更加简洁，只需要指定一个碳原子，空间群的对称性即会生成所有其他的碳原子。可以观察到，每个碳原子都位于一个碳原子四面体的中心，而正是这种排列方式及碳原子之间特殊的键合，赋予了金刚石超强的硬度。

图16（d）类似于金刚石的结构，但这里有两种不同的原子。这就是所谓的闪锌矿结构，以硫化锌为典型代表。此时的空间群被称为 $F\overline{4}3m$，只需要指定一个锌原子和一个硫原子就能生成完整的结构。这也是一类非常重要的半导体结构类型，如砷化镓、磷化铟等。虽然金刚石具有中心对称性，但闪锌矿结构则没有。这导致该材料表现出极性特性，如压电效应：施加应力于材料上会产生电荷（例如，石英也是一种压电材料，在某些炉具中用于点燃燃气），或者施加电场会使材料改变形状（例如，用于产生超声波）。

除了金刚石，碳元素还可以采用许多不同的晶体结构类型。例如，如图16（e）所示，石墨由碳原子形成的六角形排列的层状结构组成。这与金刚石完全不同。石墨的空间群符号为$P6_3/mmc$，晶体学家只需要指定一个碳原子在（0，0，0）的位置，就能够描述石墨的晶体结构。物质能够在不同的晶体结构之间转变的能力被称为多晶型。金刚石很硬，而石墨很软，所以后者常被用于制作铅笔芯。尽管石墨层内的碳原子结合紧密，但层间的键比较弱，因此层与层之间可以相互滑动（这也是石墨可用作良好润滑剂的原因）。然而，单层石墨的强度极高，所以可以将石墨层分离，形成由单层碳原子组成的石墨烯材料。石墨烯的发现者安德烈·盖姆（Andre Geim，1958—）和康斯坦丁·诺沃肖洛夫（Konstantin Novoselov，1974—）因此共同获得了2010年的诺贝尔物理学奖。此外，碳还有另一种形式叫作富勒烯，它是由哈里·克罗托（Harry Kroto，1939—2016）、罗伯特·柯尔（Robert Curl，1933—2022）和理查德·斯马利（Richard Smalley，1943—2005）于1985年发现的，因此他们获得了1996年的诺贝尔化学奖。富勒烯的分子式为C_{60}，形状如同一个足球。碳元素真是个令人惊叹的元素！

另一个重要的结构是钙钛矿结构，如图16（f）所示。钙钛矿结构由具有一般式ABX₃的化合物组成，其中A和B是带正电荷的阳离子（如钡或铅），X是带负电荷的阴离子（通常是氧）。这类材料具有许多有用的性质，包括电性、磁性、压电性等。这是由于钙钛矿能够发生微小的结构改变，从而导致不同的物理性质。

图16（f）展示的是该材料的高温、中心对称的立方相，空间群为$Pm\overline{3}m$。在这种结构中，A阳离子位于晶胞的中心，B阳离子位于晶胞的角落，而阴离子则位于B阳离子之间，形成以B离子为中心的八面体，如图16（f）所示。通过微小的阳离子位置偏移，可以生成多种不同的结构和性质。此外，八面体也可以倾斜，形成许多不同的结构排列：在低温下，钛酸锶就采用如图16（g）所示的倾斜排列，其中交替排列的倾斜方向使得形成晶胞的最小单元重复单元距离加倍。今天，最常用的压电材料之一是重要材料$PbZr_xTi_{1-x}O_3$（简称PZT），其中x取0至1之间的任意数值。目前，有关使用钙钛矿材料（如甲胺基铅碘化物）作为新型光伏材料的研究引起了很大的关注，因为它的效率比传统的硅太阳能电池更高。然而，对于其机理的解释目前还不清楚，这是当前国际研究的焦点之一。

另一个重要的晶体结构是石英。石英晶体由二氧化硅

（SiO_2）基团组成，以三角晶体结构排列（高温下为六角晶体），如图16（h）所示。每个硅原子位于一个由氧原子构成的四面体的中心，四面体通过顶点连接在一起。相比之下，玻璃也由二氧化硅基团组成，但基团排列无序，因此玻璃不是一个有序的晶体材料（而是一种非晶材料）。

石英是非常重要的工业晶体，是数十亿美元市场的一部分。它用于制造精密振荡器，如手表和时钟等定时设备。这主要是利用了逆压电效应，当施加一个震荡的电场时，石英薄片会与电场保持一致地产生形变。精确选择薄片的厚度，可以使其在特定频率上共振，并用于精确计时。

然而，选择石英作为振荡器材料的原因不仅仅是它的压电性。事实上，与几乎所有其他压电材料不同，如果按照非常特定的方向切割石英薄片（实际上有两种可能的切割方向），压电效应可以实现温度补偿。显然，生活在气候凉爽国家的人们，乘飞机抵达气候炎热国家时，不会希望手表走时速度发生变化！这个切割需要非常精确的角度控制，所以手表的品质和价格取决于这个切割过程的质量。

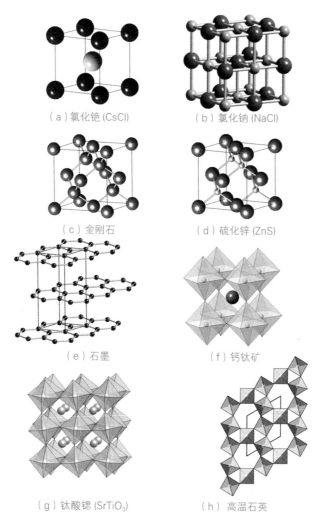

（a）氯化铯 (CsCl)

（b）氯化钠 (NaCl)

（c）金刚石

（d）硫化锌 (ZnS)

（e）石墨

（f）钙钛矿

（g）钛酸锶 (SrTiO₃)

（h）高温石英

图16　一些基本的无机晶体结构

有机晶体结构

目前数以十万计的有机化合物（包括金属有机化合物）的晶体结构已经确定。在这些晶体中，分子以各种方式通过氢键和弱范德华键等方式结合在一起。与元素晶体一样，分子在晶体结构中也有将分子密堆在一起以使密度最大化的倾向。图17（a）显示了苯分子（C_6H_6）在低温下的排列，依照常用的绘图方法，使用球体表示原子。这个晶胞中包含四个苯分子。这类绘图方法经常被称为球辐模型。

图17（b）显示了相同的结构，但这次球体的尺寸被放大到与分子内原子之间的共价键相同的大小（共价键是非常强的键，其中电子在原子之间共享）。可以看出，这些分子是多么紧密地堆积在一起形成晶体结构的。在这种情况下，分子之间的键合较弱，因此苯在室温下是液体状态。

图17（c）显示了一种名为阿司匹林的镇痛药的球辐模型。它也被称为乙酰水杨酸，人们可以看到分子是如何整齐地堆积在一起的。同样，这个晶胞包含了四个分子。图17（d）显示了通过X射线晶体学确定的β-D，L-阿洛糖

（$C_{19}H_{29}NO_4S$）分子。在这里，人们看到原子被椭球体所代表。这些椭球体显示了原子在不同方向上的振动，它们可能由热运动引发或可能存在一些原子位置的无序。这些椭球体代表的参数被称为各向异性位移。

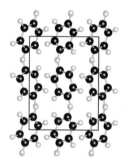

（a）苯：黑色球代表碳，
　　　白色球代表氢

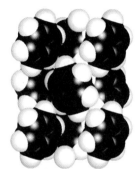

（b）苯的空间填充模型

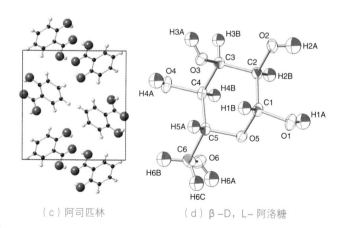

（c）阿司匹林

（d）β-D，L-阿洛糖

图17　有机化合物晶体

生物大分子

晶体学手段在确定DNA（脱氧核糖核酸）、RNA（核糖核酸）、蛋白质和病毒等生物大分子的结构和活性方面发挥了重要作用。蛋白质在生物体内扮演着极其重要的角色，参与许多生物功能，例如，催化代谢反应、DNA复制、对刺激的响应及分子的运输等。蛋白质由氨基酸使用基因中所编码的信息组装而成。这样，就能得到非常多样的蛋白质（尽管并非DNA中的所有基因都编码蛋白质）。人们的身体会产生将近10 000种不同的蛋白质。

为了理解蛋白质在生化过程中的作用机制，了解分子的实际结构非常重要，这就是晶体学方法发挥作用的地方。例如，解释酶的作用方式之一是通过锁钥模型。化学物质（称为底物）与特定酶的活性位点结合的方式依赖于分子实际的形状。通常，它们会适应分子结构中的裂缝和孔洞。酶分子是锁，底物是钥匙。如果想要设计一种抑制酶反应的方法，就有必要获取酶分子的高分辨率图像。

对于蛋白质或病毒晶体学家来说，重点是分子本身，而不是晶体内分子的排列（后者只是附带的）。在这种情况下，结晶生物大分子的主要原因是其结果的周期性排列允许使用衍射方法找到单个分子的结构。

　　蛋白质由20种不同的氨基酸残基（含有碳原子、胺基和羧基的小有机分子，由一串原子链和每种氨基酸特有的R侧链组成）组成，就像珠子串在一起一样。每种类型的蛋白质由氨基酸链接的顺序确定，通常包含100～1 000个氨基酸。如果两个这样的肽链组合在一起形成二肽，就会产生400种可能的组合。对于三肽，有8 000种组合。很明显，多肽几乎可以形成无限数量的蛋白质。

　　蛋白质的20个氨基酸序列，如图18（a）中被阴影标记的圆圈所示，构成了蛋白质一级结构。正如林纳斯·鲍林（Linus Pauling，1901—1994）、罗伯特·科里（Robert Corey，1897—1971）和赫尔曼·布兰森（Herman Branson，1914—1995）在1951年研究所展示的那样，蛋白质二级结构如图18（b）所示，肽链分子将不同的氨基酸残基连接在一起形成α-螺旋排列。在蛋白质中，这种螺旋几乎总是右旋螺旋（从长度向下看，向右旋转远离观者），并且由氢键结合在一起。这些键涉及氢原子与附近的氧原子之间的相互作用（图18中用虚线表示）。另一种蛋白质二级结构是β折叠。当肽链折叠成或多或少相互平行或反平行的方式时，就形成了β折叠。

图18（c）展示了一种蛋白质三级结构的示例，在该结构中，蛋白质已经折叠起来，为蛋白质大分子赋予了特定的形状。卷曲的带和扁平的箭头分别表示α螺旋和β折叠。这种形状是影响蛋白质功能的关键，因此使用X射线衍射等技术确定各个螺旋和片层的折叠方式非常重要。某些疾病，如阿尔茨海默病、帕金森病和2型糖尿病，是由蛋白质的错误折叠引起的。图18（d）是血红蛋白的蛋白质四级结构，在这种情况下，有两条或多条肽链互相连接在一起。血红蛋白由两条α链和两条β链组成，每条链分别包含141个和146个氨基酸残基。许多酶也可形成蛋白质四级结构。

在进行X射线衍射研究以确定蛋白质的真实结构之前，首先需要将其结晶。这一步通常是蛋白质结构确定中的速率限制步骤，因为人们无法预测最佳的晶体生长条件。如今，需要进行数百甚至数千例这样的测定时，该过程需要一定程度的自动化。

（a）蛋白质一级结构

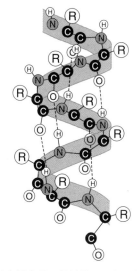

（b）蛋白质二级结构，R 表示决
定特定氨基酸残基的侧链

（c）蛋白质三级结构

（d）蛋白质四级结构

图18 蛋白质结构

从事生物大分子晶体学研究的晶体学家现在拥有机器人，它们能够将蛋白质和不同的溶剂移液到一系列塑料试剂盒中，以找到最适合晶体生长的条件。这种技术已经非常精密，现在甚至有机器人能够将晶体放置在衍射仪正确的位置上，以使它们与射线束对准，通常是在同步辐射源上。1965年，首次确定酶（溶菌酶）的结构需要数月的数据收集和后续分析。而如今，由于近年来取得的进展，这一整个过程可以在一个小时内完成。

蛋白质是手性分子，这意味着定义晶体对称性的空间群不能包括反射面或反转中心，因为这些对称操作会改变分子的手性。因此，在230种空间群中，只有65种空间群可以用于描述蛋白质晶体的对称性。此外，还发现大约三分之一的蛋白质晶体结构属于一个特定的空间群，即$P2_12_12_1$空间群。其中，字母P表示晶体的晶格为初基晶格，三个2_1符号代表沿三个相互垂直的晶体轴方向存在二重螺旋轴。该晶系属于正交晶系。关于这一现象已有几篇论文试图做出解释。

经过多年的研究，晶体学家们成功确定了越来越复杂的蛋白质和相关结构。例如，2009年，文卡·拉马克里希南（Venki Ramakrishnan，英国）、汤姆·施泰茨（Tom Steitz，美国）和阿达·约纳特（Ada Yonath，以色列）因他们对核糖体结构和功能的深入探索而被授予诺贝尔化学奖。核糖体在细胞内起着"机器"的作用，负责合成蛋白质。DNA序列编码的蛋白质可以被复制成多个具有相似序列的RNA链，然后核糖体可以结合这些RNA链，并利用其作为模板合成特定蛋白质中正确的氨基酸序列。核糖体这一庞大的结构需要确定超过29.3万个原子的位置，其直径为200～300 Å。解决核糖体的结构，并揭示其工作机制，是令人叹为观止的壮举。

除了蛋白质结构，晶体学技术还可被应用于研究病毒颗粒的结构。病毒由DNA或RNA基因组构成，通常由蛋白质或脂质的保护性外壳（衣壳）包围。晶体学在药物和疫苗的开发中具有重要价值，尤其是在抗击HIV蛋白酶方面取得了突破。为了实现这一目标，与对待蛋白质相似，首先需要使病毒颗粒结晶，并采用类似于蛋白质研究的方法进行研究。这一领域的进展对于发现新的抗病毒化合物和疫苗有着重要的意义。

病毒具有多种形态，尽管许多病毒几乎呈球形。例如，口蹄疫病毒（FMDV）具有高度二十面体对称性，其基因组由一条单链RNA组成：它会结晶成一个体心立方阵列。1989年，拉温德拉·阿查里亚（Ravindra Acharya）、伊丽莎白·弗莱（Elizabeth Fry）、大卫·斯图尔特（David Stuart）、格雷厄姆·福克斯（Graham Fox）、大卫·罗兰兹（David Rowlands）和弗莱德·布朗（Fred Brown）利用同步辐射收集的数据，实现了对该病毒近乎原子分辨率的测定。立方体晶胞的体积为41 064 nm^3（相当于氯化钠体积的228 862倍），仅包含两个病毒颗粒。

脊髓灰质炎病毒具有类似的形态，目前正进行相关研究，以利用对该病毒结构的了解来制备脊髓灰质炎疫苗。目前的疫苗使用减毒脊髓灰质炎病毒来刺激免疫系统。然而，其在有些情况下会引发肠道反应，导致重新激活的病毒从体内排出并传播给未接种疫苗的人。目前，晶体学家正在对该病毒进行晶体学研究，旨在创建一种不含基因组的合成病毒。这意味着它无法复制，但仍可以在体内引发适当的防御反应。2013年，一种口蹄疫病毒株已经成功实现了这一目标。

非常态晶体学

除了确定晶体结构，晶体学家常常希望研究当温度或压力发生变化时晶体结构的改变。这样做有许多原因，比如用以研究结构与物理性质之间的联系。假设在加热或冷却材料时，材料经历了相变，从而改变了其晶体结构。当这种情况发生时，晶体的某些性质可能会突然发生变化，因此晶体学家通过同时研究晶体的结构和性质，可以发现它们之间的联系。例如，当加热钛酸钡晶体时，其介电行为会发生巨大变化，通过研究这种变化，晶体学家可以将效应与结构中钡和钛原子微小位移之间的关系联系起来。

施加压力也很重要，因为压力经常导致晶体出现全新且无法想象的结构。一个非常有趣的应用领域是了解地球深处的矿物性质，因此对晶体施加极高的压力，有时同时加热，可以揭示地下深处发生的情况。几年前在日本进行的研究就是一个有趣的案例，他们研究了铁等金属在极高压力和温度下的行为。实验结果表明，在这些条件下会形成大型晶体，并且有人认为这可能意味着地核中存在着数公里长的晶体，这对于理解地球磁场具有重要意义（参见前言）。

在低温下收集衍射数据有其特定的原因。最重要的原因是降低温度会减少原子的振动，这会导致高角度衍射峰的角度增加。这样可以收集更多的数据，从而获得更精确的晶体结构。因此，如果人们查看科学期刊上发表的晶体结构，它们通常是在大约100 K（−173 ℃）的温度下完成的结构确认。

冷却晶体的另一个原因是解决过去从生物样品中获得高分辨率衍射数据的限制问题。这里的困难在于蛋白质和病毒晶体暴露在X射线束中时往往会很快被破坏。因此，为了获得完整的信息，必须对多个晶体进行数据收集，然后将各个数据集以相同的比例结合起来。1970年出现了一个重大突破，人们发现如果将蛋白质晶体快速冷冻并保持在低温下，它们在X射线束中的存活时间可以得到显著延长（现在已知大约为原时长的70倍）。20世纪80年代，这导致晶体学中出现了一个新的学科——低温晶体学，而现在不论是在实验室还是在同步辐射源中，将样品冷却已是蛋白质衍射研究的标准操作。许多最近的诺贝尔奖获奖研究，例如关于核糖体的研究，就采用了低温晶体学技术。

自从发现X射线衍射以来，人们开发了许多不同的晶体冷却方法。由于在结构研究中使用的X射线往往会被放置在路径中的材料所吸收，因此通常的做法是使用冷气体（如氮气）的开放流，对晶体进行吹扫。早期的装置非常粗糙且非常不稳定，需要大量液氮产生冷气体，使用起来总是笨拙不堪。凯瑟琳·朗斯代尔以简单地将液态空气滴在晶体上的方式冷却晶体。而著名冶金学家威廉·休谟-罗瑟里（William Hume-Rothery，1899—1968）在回忆起他参观英国皇家学会时，形象地描述了那一幕："在一片薄雾中，朗斯代尔博士的身影显现出来，就像布洛肯山上一位神圣的幽灵，她的助手在晶体上泵入液态空气"。

由于使用开放气体流冷却晶体相当困难，大多数晶体学家完全避免了晶体冷却。然而，正是在蛋白质晶体学中发现快速冷却技术的同时，约翰·科西尔（John Cosier）和笔者发明了一种新设备——Cryostream。

Cryostream的基本原理是采用一个开放的杜瓦容器，其中装有液态氮，并将液态氮抽到一个热交换器中。在热交换器中，液态氮通过加热器被气化，随后通过泵将气体加热至接近室温后排出。气体回流至热交换器，通过交换器另一侧的冷液体再次进行冷却。最终，喷嘴将产生的冷气体喷射到晶体上。喷嘴内部配备了一个由计算机控制的加热元件，操作者可以在90～350 K之间设定氮气流的温度，其温度稳定性可达 ± 0.1 K。由于杜瓦容器和输出流之间不存在压力差，因此随时都可以重新加注系统，而不会对出口温度产生影响。温度稳定性及柔性软管有助于在衍射仪上进行冷流的对准，这对实验至关重要。Cryostream的成功应用使其成为全球几乎所有晶体学实验室和同步加速器建设中的常规工具，低温晶体学已经成为日常应用。

在过去的30多年，对晶体施加高压的技术也取得了长足的进步，主要是通过金刚石压力腔法来实现。这种方法通常是将微小晶体放置在薄金属垫片的小孔中。然后，向这个孔中加入液体，比如甲醇和乙醇的混合物，有时还会加入一小块红宝石。接下来，将垫片夹在两颗金刚石之间，金刚石尖端压入垫片孔中，从而形成一个密封的腔室。当金刚石被迫靠近时，液体中的压力会通过静水压传递到晶体样品上。整个装置安放在衍射仪上，并进行对准，以使X射线束同时穿过待研究的晶体和金刚石。红宝石碎片通过激光激发荧光来测量实际压力。荧光的波长随压力变化而变化，因此可用于校准金刚石压力腔中的压力。这种装置可以产生巨大的压力。

晶体生长

在过去的一个世纪里，人们开发了许多方法来实现各种规模的单晶生长。晶体生长的基本原理是从一个小的"种子"晶体（也称为晶种）开始，甚至有时候一粒微尘也足够，然后让分子或原子在其周围积聚。如果正确调整生长条件，就有可能长出近乎完美的巨大晶体。

溶液生长可能是最简单的晶体生长技术，即将待生长的溶质溶解于适量溶剂中，使溶液接近饱和状态，然后通过蒸发溶剂或改变温度（通常是冷却）实现晶体生长。在这两种情况下，溶液中物质的浓度都会增加，最终开始沉淀。如果沉淀过程较快，通常会形成非常小的晶体。然而，如果温度得到精确控制，特别是在溶液中放置了晶种，就有可能长出一颗非常大的单晶体。国际晶体学协会有时会在学校中举办晶体生长比赛，常用化学试剂钾明矾。使用这种方法相对容易培育出几厘米大小的漂亮八面体晶体。

在化学家合成新化合物时，他们通常会从溶液中将其以固态形式沉淀出来。所有化学专业的学生学到的标准方法是用玻璃棒在试管内刮擦，这样可以产生许多微观玻璃晶种，从而促使溶液中的物质沉淀。对于化学家来说，这通常被用作纯化产物的手段。微小晶种导致的沉淀，如灰尘或花粉，也正是雪花在云层中形成的原因。

对于大多数有机晶体而言，其所使用的溶剂在室温下是液体，典型的有水、丙酮、乙醇和其他有机溶剂。而无机晶体的生长通常可以使用高温溶剂。此时，选择一种在高温下融化的化学物质作为溶剂，可将相关物质溶解其中。这种方法被称为熔盐生长。例如，20世纪50年代，钛酸钡等工业重要材料（例如，用于电容器）的晶体生长，是通过将钛酸钡粉末与过量的氟化钾混合装入铂坩埚中完成的。然后，将铂坩埚加热至溶剂融化并溶解钛酸钡的温度，并在高温下保持数小时，然后缓慢冷却，直到钛酸钡晶体在坩埚壁上生长。随后将热溶剂倒出，提取晶体。

这种方法可以制造出相当大的晶体。实际上，多年来关于这种材料的绝大部分科学研究都使用了这种熔盐生长的晶体。然而，必须承认的是，这些晶体含有杂质，它们主要是来自溶剂中的氟离子，这对于钛酸钡的性质产生了一些影响。例如，熔盐生长的晶体在120 °C时发生了从四方结构到立方结构的相变；然而，几年后，随着新方法的出现，纯度更高的钛酸钡晶体得以制备出来，相变温度提高到近140 °C，并且纯晶体具有更好的光学性能。晶体的形状也有所不同：熔盐生长的晶体呈板状，而纯晶体则更趋向于块状。

通常情况下，特别是对于没有合适溶剂可用的材料，晶体生长的常用方法是将材料熔化，然后在控制条件下使其固化成单个晶体。为了实现这个目标，人们设计了许多不同的方法，其中最常见的一种被称为柴可拉斯基法。这个方法是以波兰科学家扬·柴可拉斯基（Jan Czochralski，1885—1953）的名字命名的，他偶然发现了这项技术，这正如科学界中经常发生的那样。

柴可拉斯基出生于波兹南市附近的小镇克齐尼亚，当时该地处于普鲁士的统治之下。这意味着，尽管他是波兰人，但他在官方上具有德国国籍。关于他的早年历史乃至他进行科学研究的资历都已不可考。无论如何，他前往德国，并从事金属工业方面的研究。传说有一天，在实验室工作台上，他不小心将钢笔笔尖浸入他所认为是墨水瓶的容器中；然而，事实却是那个容器装着熔化的锡。当他拿出钢笔时，他惊讶地发现有一根长长的金属丝仍然与笔尖相连。虽然许多人可能会简单地把钢笔丢掉并继续其他工作，但柴可拉斯基却有足够的洞察力去探究这个有趣的现象。正如巴斯德曾经说过："在观察领域，机会只青睐有准备之心的人。"

　　那时，柴可拉斯基已经开始在他的工作中使用X射线衍射，并很快发现这根金属丝是锡的纯晶体。他进行了不同速度拔出钢笔的实验，并发现较慢拔出可以生长出较大的晶体。当时，他可能没有完全意识到这项发现的重要性。直到多年后，美国贝尔实验室的戈登·基德·蒂尔（Gordon Kidd Teal，1907—2003）使用改进的柴可拉斯基法生长锗晶体和硅晶体时，柴可拉斯基原始发现的重要性才显现出来。不幸的是，他从自己的发明中并没有获得任何经济利益。第二次世界大战前，柴可拉斯基应波兰总统之邀赴华沙工业大学担任教授。然而在战后，他面临了不是真正波兰人及与纳粹占领者合作的指控。他侥幸逃脱了监禁，但他的名字被从大学教授名单中删除，最终在故乡克齐尼亚黯然离世。

最近，根据解密的文件披露，事实上，柴可拉斯基在战争期间秘密为波兰抵抗组织工作，利用他在德国的关系，甚至可能在德国时就为波兰秘密情报机构工作。他的声誉现已完全恢复，他的名字也被重新列入教授名单，在当今的波兰，他因其科学工作备受崇敬。

如今，柴可拉斯基法被用于生长直径可达300毫米的巨大硅晶体。通过这种方法生长出的晶体通常呈圆柱形。一般而言，该方法是在坩埚中熔化物质，然后将晶种悬挂在融化液体中的纤维上。电机会以极慢的速度拉动纤维，同时使生长中的晶体棒围绕纤维进行旋转。利用这些晶体棒可以切割出大尺寸的薄片，用于微芯片市场。

还有其他几种熔融生长方法被发明出来。举例来说，布里奇曼-斯托克巴格法是在密封的安瓿中将多晶材料加热至其熔点以上，然后缓慢地拉动安瓿，使之通过一个具有温度梯度的空间。在安瓿一端开始冷却的过程中，晶种所在的位置生长出与晶种材料具有相同晶体学取向的单晶体，并逐渐在容器的长度方向发展。该过程可以在水平或垂直几何结构中进行。布里奇曼-斯托克巴格法是生产某些半导体晶体（如砷化镓）的常用方法，因为柴可拉斯基法较为困难。

另一种方法是由法国化学家奥古斯特·韦尔纳（Auguste Verneuil，1856—1913）于1902年发明的。该方法使用氧氢火焰熔化精细粉末状物质，并让熔化的液滴滴落到棒状基底上，完成晶体的生长。此方法已成功应用于制造人工蓝宝石和红宝石晶体及钛酸锶。

一种更现代的方法是浮区法，即将熔化形成的液态区域缓慢移动穿过材料。这样可以保持固体的纯净度，并且经过适当的晶种引导，可使单一晶体生长。一种新的浮区法装置利用强光源和弯曲镜片将光线聚焦在熔体区域。如图19（a）所示，使用四个1.5千瓦的卤素灯可以达到2 000 ℃的最高温度。将材料的供料杆逐渐降低，使之穿过这个高温区域，并在到达区域下方时形成固态晶体。这种技术可以在几个小时内生长出大型单晶体。由于样品材料不与任何坩埚或其他物质接触，因此所得的晶体具有极高的纯净度。$CoSi_2O_4$晶体生成如图19（b）所示。

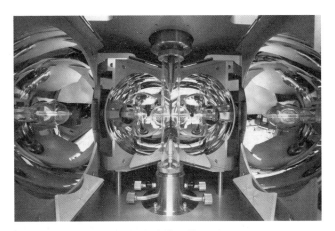

（a）镜面炉

（b）CoSi$_2$O$_4$晶体生成：A 为多晶馈料，B 为熔融区，C 为晶体

图19　浮区法装置

　　石英晶体因其压电特性对电子行业尤为重要，特别是作为振荡器和计时装置时。这是一个庞大的晶体产业。这些晶体是通过水热法生长的，该方法利用了高温高压下石英晶体在碱性溶液中的溶解度变化。生长容器是一个名为压力釜的压力容器，在工业应用中可能高达数米。原料也被称为"lasca"（天然石英晶体的小块），其被置于压力釜的下

部，而许多薄板状的石英晶种则被悬挂在透水挡板上方的支架上。容器被注入水和矿化剂（如Na_2CO_3或$NaOH$），封装后，加热至极高压力。（这是一种危险的晶体生长方法！）最后，达到超临界状态，晶体开始生长。始终保持压力釜上部的温度低于下部，产生对流，溶液从下部移动到上部，石英晶体在晶种上沉淀。由于合成的石英晶体在严格控制下生长，它们具有精确的形状、尺寸和特性。几厘米长的几乎完美的石英晶体可以在数周或数月的时间内通过这种方法生长出来。

控制蒸发沉积（CVD）是一种常用的工业方法，即在冷表面沉积蒸气中的固体材料以使晶体生长。它有许多变种，已被用于制造半导体薄膜，并被用于制造人工金刚石。尽管可以通过在压力机中对碳施加高压高温来使金刚石生长，但越来越多的人开始采用CVD技术。在这种技术中，将碳氢化合物气体通入一个容器，沉积在基底上，通过化学反应形成金刚石晶体。这些化学反应仍然是当今科学界研究的课题。CVD技术非常有用，因为它可以大面积地沉积金刚石晶体，例如，可以将其涂覆在电子元件上。这一点非常有趣，因为金刚石具有不寻常的特性，既是优良的电绝缘体又是优秀的热导体，从而可将热量从电子元件中传递出去。如今，可以人工培育出宝石质量的金刚石。为了保护金刚石宝石市场，已经发展出了光谱学和其他方法以区分人造和天然金刚石。

对于蛋白质晶体的生长，这些方法都不适用，为此发展出了特殊的技术。最常用的是悬滴法和坐滴蒸发扩散法。悬滴法是将蛋白质溶液滴在倒置的玻片上，然后将其悬挂在含有液体试剂的储存槽上方。坐滴结晶装置是将滴液放置在与储液池分离的底座上。

第四章
衍　射

04

倒易晶格

人们早已观察到，当电磁辐射（如可见光、X射线等）通过尺寸与辐射波长相近的小孔时，辐射光束会发生散射现象，这就是衍射。尽管处理一维物体排列的衍射相对容易，但为了理解三维晶体的衍射过程，人们需要从已知的实空间出发，构建一种新类型的晶格，这就是倒易晶格，由保罗·彼得·埃瓦尔德在1911年左右提出。

人们首先考虑如何构建这种晶格，然后再研究如何利用它来理解衍射图谱。如图20所示，这里以一个二维晶格说明倒易晶格的构建方式。在图20（a）中，从一个具有轴a和b的晶胞开始，这里刻意选择了非正交的情况。首先构建一条虚线，穿过晶胞的角点并与间距为d_{100}的（100）面垂直。沿着这条线标记一个点，用100表示，其距离为$1/d_{100}$（需要注意的是，物理学家通常乘以一个因子2π，而晶体学家则简单地使用1）。再往远处标记一个距离为原距离两倍的点，称为200，对应于（100）类型的面，其间距为d_{100}的一半。这个过程可以继续进行，标记点300、400等。而在相反方向上，人们同样标记$\overline{100}$、$\overline{200}$等点。这样就得到了一个具有倒格矢轴a^*的倒易晶格。

接下来，在图20（b）中选择（010）类型的平面，得到一系列点010、020、030、$\overline{010}$等，以及轴b^*。在图20（c）中，人们绘制了（110）平面，并再次绘制了垂直于该平面的线，并在与面间距d_{110}的倒数距离处放置了点。最后，在图20（d）中添加了其他平面对应的点。这样就得到了一个新的晶格，每个点位于与实际晶体学平面垂直的矢量的末端，即倒格矢。显然，这个过程也可以在三维空间中继续进行，因此对应于一个三维实空间晶格，将存在一个三维倒易晶格。

除了作为一个漂亮的数学建模之外，人们为什么要费心进行这一步骤呢？

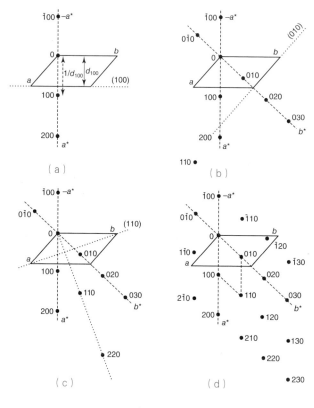

图20　倒易晶格的构建

在图21中，C代表一个晶体，而AC代表入射到晶体中一组平面上的X射线（或中子、电子）束，入射角为θ。现在，通过晶体C画出一个半径为$1/\lambda$（λ为入射辐射的波长）的球体，这就是埃瓦尔德球。CP是一条垂直于平面的矢量。如果

CP长度恰好为$1/d$，则表示这组平面的倒格矢。通过三角形ACP可以看出，

$$\sin\theta = \frac{CP}{AC} = \frac{1/d}{2/\lambda} = \frac{\lambda}{2d}$$

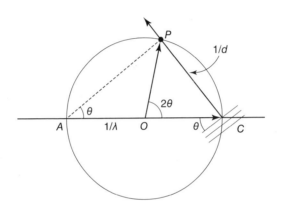

图21　埃瓦尔德球构造示意

　　这应该是众所周知的布拉格定律（参见第一章）。换句话说，如果一个倒易格点位于埃瓦尔德球的表面，那么它就符合布拉格定律，衍射光束将会沿着从埃瓦尔德球中心经过该倒易格点的OP方向产生。如果晶体平面的定向使得相应的倒格矢置于埃瓦尔德球的表面之外，那么该组平面将无法产生衍射。

这个巧妙的构造阐明了关于晶体衍射的一个重要观点。假设劳厄对他使用的X射线仅为单一波长或五个波长的信念是正确的。那么，将晶体定向到多个倒易格点同时位于埃瓦尔德球表面上的情况将极为罕见，因此当时就不可能发现X射线衍射现象。那么，WHB将不会对X射线衍射感兴趣，WLB也不会开展X射线晶体学领域的研究。劳厄是幸运的，因为他在那次实验中使用的X射线束由连续的波长构成：可以将这种情况想象成埃瓦尔德球的半径在非常小和非常大的范围内变化，如图22（a）所示。因此，通过固定晶体，灰色区域内的所有倒易晶格都会出现在胶片上——由符合布拉格定律的不同波长产生的衍射斑点。这种类型的衍射被称为劳厄衍射，如图22（b）所示。

如果使用单色光束，则需要旋转晶体及倒易晶格，使得在旋转过程中每个倒易格点都能穿过埃瓦尔德球的表面，从而产生衍射峰。多年来，人们利用各种巧妙设计的X射线照相机实现了这一点，这些设备能够使晶体发生旋转或摆动，有时还同时移动胶片使得衍射峰在胶片上的分布更加分散。这意味着必须事先精确定向晶体，为此开发出许多巧妙的技

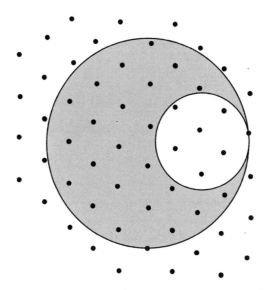

（a）使用埃瓦尔德作图法，通过连续波长形成劳厄图案

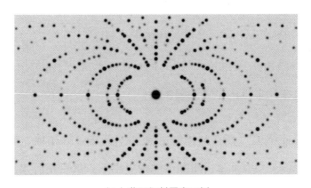

（b）劳厄衍射图案示例

图22　劳厄衍射图案

术；其中一些技术仅从导师传授给学生，从未公开发表。当
笔者在1965年开始进行晶体学研究时，通常使用肉眼将每个
斑点与专门制备的刻度进行比较来测量衍射峰的强度，刻度
通常在1到10的范围内。测量可能包括1 000个衍射峰的完整数
据集需要数天的辛勤工作。令人惊奇的是，如此粗略的测量
竟然能够推算出相当复杂晶体的结构。

　　然而，如今摄影方法已鲜有人使用，人们甚至很难购买
到适用的X射线胶片。相反，对于单晶的研究，几乎所有的晶
体学实验室都使用现代衍射仪，最新的衍射仪使用基于CCDs
或最近更流行的CMOS的面阵探测器（类似于智能手机中的
成像器件，但尺寸较大），用于小分子晶体的研究。大分子
晶体学中使用较大的硅像素探测器。随着计算能力的提高，
现在可以精确测量成千上万个衍射峰，并进行晶体结构测
定，这在20多年前是无法想象的。

　　晶体学家首先在显微镜下选择一个适合的晶体，通常是
0.1～1毫米大小（蛋白质晶体通常更小），然后用胶水将其粘
贴在薄玻璃纤维上；或在生物晶体的情况下，常常采用晶体
冷却技术，将其安装在一个微小的环中。将生物晶体转移到

衍射仪的常见方法是，在显微镜下选择一个合适的样品后，用惰性冷油覆盖样品。将样品安装在一个被称为测角头的特殊装置上，然后放置到衍射仪上。使用望远镜对晶体进行居中，以便在X射线束中进行旋转或摆动。如今的衍射仪完全由计算机控制，因此不再需要手动定向晶体，而是由软件进行自动处理。

配备面积探测器的衍射仪可以收集许多二维数据图像，并将其组合起来。利用同步辐射源，甚至可以在五分钟内从如蛋白质等复杂物质中收集完整的数据集。软件会自动确定可能的晶胞、晶体对称性及每个衍射斑点的指数。相对于过去需要花费数小时、数天甚至数周才能完成对任何晶体的数据收集，如今这通常可以在一两个小时内自动完成。控制软件在幕后利用倒易晶格和埃瓦尔德作图法，驱动探测器到不同的角度，并将晶体旋转到合适的位置。如今的晶体学软件非常复杂，收集数据后，晶体结构往往可以在几乎无须人为干预的情况下自动确定。然而，在蛋白质结构解析方面，仍需要人工构建和使用计算机图形来检查分子模型。

然而，并非所有的情况都适用，人们仍需谨慎，以确保自动化过程不会导致错误的结果。文献中存在许多错误的结构测定案例。事实上，人们必须意识到晶体可能存在另一种情况，即孪晶，晶体的两个或多个部分以不同的取向生长在一起，以至于观察到的衍射图案实际上是多个独立图案的叠加。这使得数据分析变得复杂，但通常可以由熟练的晶体学家解决。不幸的是，按钮式自动化的引入意味着许多没有接受过良好晶体学培训的人也可以使用现代衍射仪，但笔者担心经验的不足可能会导致他们得出错误的学术结论。

衍射峰强度和振幅

晶体衍射后到达探测器的每个波都可以通过其振幅和相对相位差来描述（图23）。然而，探测器上记录的是衍射波的强度，其与振幅的平方成正比。在测量与振幅的平方成比例的量时，所有相对相位信息都会丢失。晶体学家将振幅以结构因子 $F(hkl)$ 的形式表示，该因子代表了由米勒指数 h、k 和 l 定义的一组晶体平面的散射振幅。因此，任何衍射峰的强度都可以表示为：

$$I(hkl) \propto |F(hkl)|^2$$

　　事实证明，衍射图案呈现出中心对称性，因为可以
证明：

$$I(hkl) = I(\overline{hkl})$$

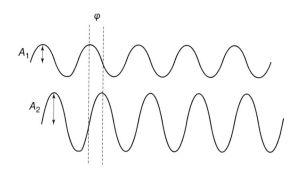

图23　两个振幅不同，相位差为φ的波

　　这种关系被称为弗里德定律，适用于X射线在晶体中没
有被原子吸收的情况。X射线强度通常在特定波长处显示出吸
收峰。如果波长达到晶体中的原子发生吸收的程度，那么这
个定律就会失效：这种效应被称为反常色散。通常情况下，
反常效应较弱，可以忽略不计。然而，在同步辐射实验中可
以调节X射线的波长，增强反常色散效应。这打破了弗里德定
律，可用于确定晶体及其原子结构的手性或极性。

卷积定理

理解晶体衍射图案强度的一种巧妙方法是通过卷积回到晶体结构的定义，对于一个无限大的晶体来说，卷积可以表示为

$$C = M * L$$

其中，C 代表晶体结构，M 代表分子，L 代表晶格。人们现在需要借助一个名为傅里叶变换的数学量来理解晶体衍射图案强度。不涉及数学细节，傅里叶变换是一种计算从衍射物体（这里是晶体）得到的散射波振幅的方法。此外，还有一个特殊的数学工具，被称为卷积定理，它表明：

"两个函数卷积的傅里叶变换等于每个函数的傅里叶变换的乘积，反之亦然。"

因此，晶体的衍射振幅可以用如下符号表示：

$$C(\text{FT}) = M(\text{FT}) \times L(\text{FT})$$

其中FT代表傅里叶变换。为了理解这一点，现在需要分

别考虑M（FT）和L（FT）这两个项，然后将它们相乘。幸运的是，乘法是比卷积简单得多的数学运算。

思考傅里叶变换的有用方法是两个简单的规则：保持对称性和长度反转。为了说明这一点，下面以图24中的二维晶格点阵为例。

首先，从两个一维晶格L_1和L_2开始〔图24（a）〕。进行卷积运算L_1*L_2后，得到图24（b）中的二维晶格。如果人们将这里的傅里叶变换规则应用于L_1，那么垂直方向上的平移对称性得以保留，只是重复距离被反转。其次，由于L_1在水平平面上的范围几乎无限小，在傅里叶变换中它被认为是无限延伸的，如图24（c）中的L_1（FT）所示。同样地，L_2的傅里叶变换如图24（c）中的L_2（FT）所示。

最后，在图24（d）中得到了乘积项L_1（FT）×L_2（FT）。由于这两个函数是相乘的，它们的非零值只出现在它们交叉的位置，从而形成了垂直于二维平面的线条。换句话说，二维晶体的衍射图案将由一系列垂直于晶体平面的长棒状散射所组成（在平面上的投影显示为图中的黑色点）。显然，在三维晶格的情况下，L_1（FT）×L_2（FT）

×L_3（FT）将得到一系列与倒易晶格相对应的斑点阵列。

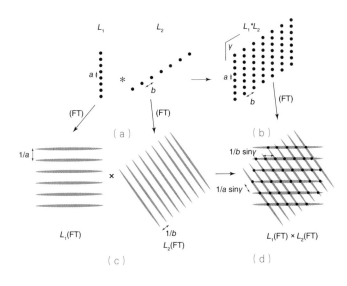

图24　二维晶格的傅里叶变换

　　那么傅里叶变换M（FT）又是如何呢？如果M由单个原子组成，那么傅里叶变换就对应一个形状非常小的球体。因此，其所衍射出的波形将形成一个球形分布（规则1）。在摄影胶片上，这将呈现为一团弥散的强度分布，其峰值处于光路前方，随着散射角度的增加逐渐减弱（这是气体原子衍射图案的特征）。此外，原子越大，其衍射尺寸越小（规则2）。因此，在X射线衍射中，X射线通过原子周围的电子球进行散射，电子数越多，体积越大，衍射的振幅随着角度的增加而迅速减弱。

另一种可视化的方法是，正向的X射线通过原子中的所有电子同相地散射，因此振幅与原子序数（原子中的电子数量）成正比。然而，当波向偏离正向的角度散射时，由单个电子散射的波会发生干涉，从而减小散射的振幅。原子X射线散射因子表可用于计算。显然，振幅与原子序数成正比，因此轻原子对X射线的散射小于重原子。

假设晶体由重复的分子而不是单个原子组成。图25（a）展示了一个分子M，它是一个简单的六角环结构。图25（b）显示了它的傅里叶变换M（FT），请注意它保留了分子的六重对称性。

在图25（c）中有两个分子，人们可以将其视为一个分子M与一个仅由两个点组成的有限水平晶格L的卷积。根据卷积定理，人们预计会看到分子的傅里叶变换乘以这个两点晶格的傅里叶变换。这就产生了图25（d）中的图像，人们再次看到了原始分子的傅里叶变换。但这次它被一系列垂直的纹理所穿插，其间距与晶格L的两个原始点的距离成反比。

在图25（e）中，分子已经与一个二维晶格进行了卷积，而傅里叶变换图〔25（f）〕再次显示了分子的基本变换，但这次被垂直和水平的纹理穿插，从而在投影上形成了一组以不同强度排列成规则阵列的斑点模式（倒易格点）。

最后，图25（g）展示了分子之间间距更大时会发生的情况。这使得纹理变得更加紧密，这次人们可以更清晰地看到分子的基本傅里叶变换，如图25（h）所示。由此可见，衍射图案中的强度数值揭示了衍射对象的对称性，即分子的对称性。当晶体学家面对一个衍射图案时，他们的工作就是利用这些强度模式确定原始分子中的原子位置，并解析它们在晶胞中的堆积方式。

粉末衍射

当射线通过粉末材料进行衍射时，会产生一系列具有恒定强度的环。图26展示了这种现象发生的过程。首先，需要理解多晶粉末由非常小的晶体（晶粒）组成，这些晶体通常只有0.1毫米甚至更小。图26（a）显示了单个晶体的衍射斑点：请注意这些斑点具有不同的强度，并位于由倒易晶格决定的位置上。图26（b）展示了两个略微错位的小晶体的衍射

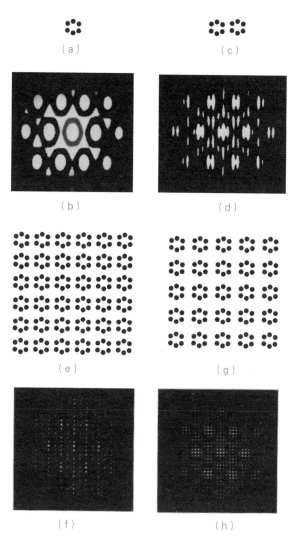

图25 使用分子和晶格形成晶体衍射图案

斑点：这相当于将第二个衍射图案相对于第一个进行旋转，并将两个图案叠加在一起。图26（c）展示了三个小晶体的衍射斑点。可以看到斑点开始围绕中心的直射光形成环状。如果粉末由大量随机取向的晶粒组成，将形成一系列不同强度的连续环，如图26（d）所示。

这就是放置在样品之后的平板胶片上所能看到的情况。如今，胶片技术几乎不再被使用，取而代之的是计算机控制的探测器（在粉末衍射仪中）沿着从图案中心到更高散射角的一条线进行扫描，如图26（e）所示。这会在这条线的方向上形成一条轨迹，随着角度2θ的变化产生一系列具有不同高度的峰值，如图26（f）所示。

粉末衍射在工业和学术研究中有许多用途。它最常见的用途是物质的鉴定，因为线的位置和强度模式就像是特定物质的指纹。利用粉末衍射进行物质鉴定的应用范围很广，从确定水泥材料的成分，到识别药物和制药中的多晶型物——在专利中尤为重要。

另一个在学术研究中的常见用途，是在没有足够大小的单晶体的情况下进行晶体结构的确定。1969年，雨果·里特

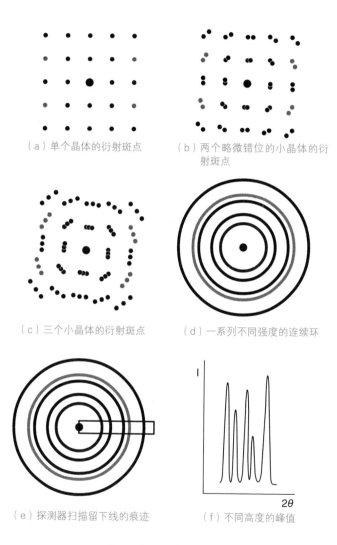

（a）单个晶体的衍射斑点

（b）两个略微错位的小晶体的衍射斑点

（c）三个小晶体的衍射斑点

（d）一系列不同强度的连续环

（e）探测器扫描留下线的痕迹

（f）不同高度的峰值

图26　粉末衍射环的形成

沃尔德（Hugo Rietveld，1932—2016）证明，如果人们从一个合理的模型开始，通过拟合整个图案的强度（包括峰形和其他几何因素相关参数），可以拟合出精确的原子坐标结构信息。被称为里特沃尔德精修的过程目前是从粉末样品中获取结构信息的最常用技术之一。此外，对于没有初始结构模型的样品，对其粉末衍射谱进行结构精修的技术也取得了显著进展，尤其是那些具有高对称性晶体结构的材料。这些议题如今非常重要，学界会定期举行会议讨论粉末衍射的最新进展。

非公度（调制）晶体

到目前为止，本书讨论的晶体都是由周期性的平移对称性描述的。然而在现实中，晶体很少是完全周期性的，过去一百年来人们已经发现了周期性的偏离。人们早就知道碲金矿（一种金银碲合金）的晶体非常奇特。早在20世纪初，人们就注意到该晶体似乎呈现出90多种不同的形态，并且为了将晶体的面编出索引，需要使用异常高的米勒指数。后来，人们发现使用四个指数而不是通常的三个指数可以改善这一情况。

1927年，乌尔里希·德林格尔（Ulrich Dehlinger，1901—1981）用周期性排列的缺陷解释某些衍射图案中出现的额外点。1940年，阿尔伯特·詹姆斯·布拉德利（Albert James Bradley，1899—1972）在WLB实验室研究铜-铁-镍合金的X射线衍射时发现了一个奇特的现象。他观察到了预期的清晰的粉末衍射线，但除此之外，他还注意到每条线两侧有两条略微扩散但相当强烈的带状条纹。起初，他将其解释为材料中两个不同相的共存。然而，在同一实验室工作的维拉·丹尼尔（Vera Daniel，1917—1993）和亨利·利普森（Henry Lipson，1910—1991），于1943年证明了这种效应可以用基本结构受到调制的周期性变化来解释，而该调制波长远大于晶胞的长度。因此，这种调制与基本晶胞尺寸不成比例。

图27说明了一维晶体中调制的概念。在图27（a）中，人们看到了一组周期性排列的分子。在图27（b）中，一个波长是图27（a）中重复距离的两倍的波被叠加在一起，形成了大分子和小分子的周期性交替排列。在这种情况下，这个序列的实际重复距离已经加倍，因此是一个公度调制的例子。然而，在图27（c）中，波长与分子的基本间距不匹配，所以得

到的结构不再具有简单的重复周期性。这是一个非公度调制
的例子。

（a）周期性排列的分子

（b）公度调制

（c）非公度调制

图27 公度和非公度调制

在1964年之前，人们基本不太了解非公度结构，直到荷
兰晶体学家皮姆·德·沃尔夫（Pim de Wolff, 1919—1998）
在代尔夫特发现了脱水碳酸钠晶体中的类似异常。他证明了
衍射图案不能仅通过三个整数进行索引，而需要四个。因

此，倒格矢H包含四个指数h、k、l和m，即

$$H = ha^* + kb^* + lc^* + mq^*$$

其中$q^* = \alpha a^* + \beta c^*$。这表明在这种情况下应该使用四维倒易晶格。（笔者知道这很难想象，但我们在这里谈论的是数学！）对于满足$m = 0$的衍射点来说，它们是主衍射峰；然而α和β与温度有关，因此它们通常是无理数。这意味着这种材料没有纯粹的晶格周期性。人们称这样的材料为非公度调制材料。笔者记得沃尔夫在1972年的国际晶体学大会上报告了这个想法，当时观众对此表示了相当大的怀疑，甚至怀有敌意。但是人们现在知道了许多非公度晶体结构的例子，因此沃尔夫的解释如今已被完全接受。在进一步的发展中，荷兰物理学家阿洛伊西奥·詹纳（Aloysio Janner，（1928—2016）和泰德·扬森（Ted Janssen，1936—2017）展示了如何利用四维空间群的对称性描述非公度结构。人们可以通过使用卷积的概念简化理解这些类型的结构，从而理解这些晶体的衍射效应。为了做到这一点，人们可以将非公度结构C_{inc}表示为

$$C_{inc} = M*[L \times O]$$

如上所述，L 是一个规则的晶格，M 是一组原子或一个分子。函数 O 是一种调制函数，它扭曲了晶格的周期性。利用卷积定理，傅里叶变换可以表示为

$$C_{inc}(FT) = M(FT) \times [L(FT)*O(FT)]$$

例如，假设 O 是一个正弦波，会导致晶格呈正弦扭曲。正弦函数的傅里叶变换 O（FT）简单来说就是原点两侧的尖峰。这些尖峰之间的距离与正弦周期的倒数成正比关系。与倒易晶格进行卷积会在主要衍射点的两侧产生卫星衍射点。一方面，如果这些额外的衍射点位于基本倒易间距的有理倍数上，那么晶体就具有公度超结构。另一方面，如果它们位于基本倒易晶格的无理分数上，在实空间中就会出现与晶胞重复不相称的长周期正弦调制的晶体结构。

准晶体

就在人们认为晶体对称性的一切都已为人类所知时，自然界却给出了一个令人出乎意料的答案。人们已经看到，周期晶格的基本概念在真实的晶体中并不总是成立的，但科学界对于这一重大发现毫无准备，而这个发现随后改变了人

们对晶体的根本认识。

1984年，在以色列出生的材料科学家丹·谢赫特曼（Dan Shechtman，1941— ）观察到了快速冷却的金属合金Al_4Mn的电子衍射图案，其尖锐的衍射斑点具有十重旋转对称性，这种现象后来在许多其他复杂合金中也被观察到。这似乎表明这些材料以某种方式违反了晶体晶格（具有长程平移对称性）不能显示五重对称性的规则（观察到十重对称性是因为衍射图案总是有效地具有中心对称性，从而将五重对称轴变为表观的十重对称轴）。

这类材料被称为准周期晶体或准晶体，它们显然无法用传统的晶体对称性理论来解释。最初，这一发现引起了人们的怀疑，谢赫特曼的原始论文被拒绝发表；甚至诺贝尔奖得主林纳斯·卡尔·鲍林声称这种效应可以用多重孪晶模型解释，即不同取向的晶体衍射图案的叠加。然而，谢赫特曼的电子衍射工作非常精确和系统，他顶着所有的反对声音坚持推进这一发现。最终，他被证实是正确的，并且获得了2011年的诺贝尔化学奖。

如今人们知道，这样的准晶体并不特别罕见，尤其是在金属合金中，甚至可以人工培养出这样的晶体，其可观察的表面具有五重对称性。例如，合金$Al_{63}Cu_{24}Fe_{13}$可以生长成一个有观测面的单一准晶体，大小可达1 mm^3。由于谢赫特曼的发现，国际晶体学联合会（IUCr）于1992年修订了晶体的定义，将其定义为"本质上能够给出明确衍射图案的固体"。笔者必须承认，笔者不知道定义中"本质上"这个词是什么意思，而且，以这种方式定义一个晶体在笔者看来是可商榷的。

那么，人们该如何解释这种对基本晶格对称性的明显违背呢？一种方便但并非唯一的解释方式是，想象一下如何用不留下空隙的方式铺设地面。在传统方法中，如果人们使用一组相同的规则瓷砖，最终会得到周期性和不允许存在五重和七重对称性的限制。然而，如果人们愿意使用形状不同的瓷砖，就可以得到许多具有局部五重或七重对称性的排列。这样的排列在传统意义上并不是周期性的，但仍然具有有序性，因为它们按照一定的规则出现。

实际上，这个问题具有悠久的历史。早在1619年，开普勒就展示了如何用不同的具有五重对称性的瓷砖填满二维空间；1981年，艾伦·林赛·麦凯（Alan Lindsay Mackay，1926—）展示了如何通过非周期性的点阵获得十重对称的衍射图案。

图 28 展示了金属合金 $Al_{70}Mn_9Pd_{21}$ 准晶体的电子衍射图案。这个引人注目的图案清楚地显示了十重对称性。还要注意，与普通晶体的衍射图案不同，任何一行中的斑点并不是周期性间隔排列，而是采用了一组更为复杂的间隔。图 29（a）展示了二维平铺的例子，使用了两种不同的形状，灵感来自牛津大学的罗杰·彭罗斯（Roger Penrose，1931—）。人们可以看到，在适当的叠放规则下，宽菱形和窄菱形可以放在一起填满二维空间。窄菱形内角为 θ（36°）和 4θ，而宽菱形内角为 2θ 和 3θ，这样可以填满空间，因为 $10\theta = 360°$。这样的排列不存在长程周期性，尽管它展示了局部方向性的五重对称性。

有趣的是，如果人们将一系列由罗伯特·阿曼（Robert Ammann，1946—1994）提出的线条叠置在一起，如图29（b）所示，人们会发现这些线条组合起来呈现出五重对称性！此外，这些线条被长（L）和短（S）距离间隔开，按照以下顺序排列：

L S L L S L S L ...

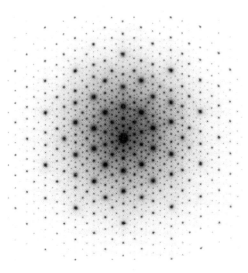

图28　金属合金Al₇₀Mn₉Pd₂₁准晶体的电子衍射图案

这个序列具有一个有趣的特性。如果将每个L替换为LS，将每个S替换为L，便会形成以下序列：

L S L L S L S L L S L L S ...

这只是原始序列的复制。这种类型的序列在自然界中的许多地方都能找到，并由意大利数学家列奥纳多·皮萨诺·比戈洛（Leonardo Pisano Bigollo，1170—1250）发现，他也被称为比萨的列奥纳多，或简单地被称为斐波那契。有趣的是，L/S = τ，即"黄金比"τ =（1+$\sqrt{5}$）/2=1.61803...，艺术家们经常使用它设计出令人愉悦的绘画布局。因此，人们可以看到这种排列既不是随机的，也不是周期性的。相反，术语"准周期"被用来描述这一现象。这里要对术语方面做一个特殊说明："非周期"适用于那些固体中不存在长程周期性的情况，如玻璃等非晶（非晶态）材料。术语"非周期晶体"用于描述那些没有平移周期性，但仍然具有清晰衍射最大值的晶体。因此，非公度晶体和准晶体可以被称为非周期晶体，而不能被称为非晶材料。

这个问题变得更加有趣，因为可以通过考虑六维空间中的规则点阵来展示准周期性的产生。（这很难想象，但数学家们对此并不感到困扰。）如果通过这样的点阵进行切割并投影到二维或三维空间，显然投影结果将由点组成。如果以适当的方式进行切割和投影，那么将得到一个具有五重对称性的点阵。此外，点在特定方向上的位置顺序还遵循斐波那契序列。这个序列也可以在衍射图案的斑点序列中观察到。

彭罗斯铺砌模型是根据斐波那契序列的严格规则推导而来的，其中每个间隔决定了下一个间隔（一旦开始，精确的序列就可被无误差地推导出来），所以它是一个近乎完美的例子，在严格有序的结构中也具有准周期性的两点相关性。由于这是唯一存在的相关性类型，所以预计衍射图案将仅由清晰的斑点组成。

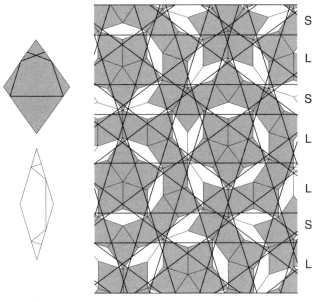

（a）在宽菱形和窄菱 （b）这些特殊线条在五个方向上生成斐波那
形上标记的特殊　　 契序列的间距
线条

图29　在宽菱形和窄菱形上标记的特殊线条生成斐波那契序列的间距

回想起来，晶体学家也许应该更好地了解这一点。毕竟，当人们思考晶体的生长过程时，沉积分子不太可能以某种方式"了解"人们通常与晶体结构联系在一起的长程周期性。相反，每个分子在与其他分子结合时，只知道它周围的局部环境。

有趣的是，几年前人们观察到，氯化钠晶体在溶液中开始生长时，会发生光闪烁的现象，这种现象被称为摩擦发光。其中一种可能的解释是，初始的局部原子聚集形成了某种局部随机原子团，但随着体积的增加，应变也随之增加。这最终导致原子团忽然转变为有序排列，此时具有长程周期性，并以光的形式释放出能量的闪光。同样有趣的是，俄罗斯数学家鲍里斯·尼古拉耶维奇·德洛内（Boris Nikolaevich Delaunay，1890—1980）的工作表明，可以仅通过考虑点的局部对称性来创建晶格。

关于准晶体的数学和实验方面的文献已经非常丰富，但迄今为止，仍有一个领域的问题没有完全解决，那就是准晶体中原子的位置。解决准晶体结构是未来的挑战。笔者认为晶体学家应该对谢赫特曼表示感谢，因为他使人们更广泛地思考晶体对称性。

无　序

自从1912—1913年的第一次X射线衍射实验以来，人们在布拉格衍射峰之间观察到了弱而连续的漫散射强度。劳厄在他的第一篇论文中表明，混合晶体中的占位性无序会导致衍射图案中漫散射强度的产生。人们很快意识到，这样的散射是晶体结构中某种固有无序的普遍症状。实际上，并非所有晶体结构都是完全有序的。（事实上，它们从来不是！）相反，它们具有各种程度和种类的无序性。这是当晶体中的原子偏离了完美的有序排列时产生的。例如，原子的热振动表示原子在平均位置周围存在无序。

同样，如果某些原子被不同的原子替代，或者说，分子的取向在整个晶体中都是不重复的数组，那么就会发生无序。当X射线、中子或电子通过这种不完美材料进行衍射时，通常可以观察到额外的散射效应。除了常见的锐利布拉格衍射峰外，无序性还使背景中出现了额外的散射。这通常被称为漫散射。因此，衍射的强度可以由下面的式子表达：

$$I_{\text{total}} = I_{\text{Bragg}} + I_{\text{diffuse}}$$

根据能量守恒定律，存在的无序性越大，布拉格衍射峰（I_{Bragg}）的强度越低，漫散射（I_{diffuse}）的强度越高。现在，如果人们只测量布拉格衍射峰的强度，就能得到关于平均晶体结构的信息，而漫散射的强度则告诉人们距离平均结构的偏离程度。

为了进一步理解这一点，请考虑一个简单的一维晶体，用字母A表示原子或分子。假设结构如下：

例 1

AAAAAAAAAAAAAAAAAAAAAAAAAAAAAAAAAA…

这显然是一个完全的长程有序晶体，因此，在这种情况下不会出现漫散射。然而，这只是一个理想化的情况，因为人们无法忽视这样一个事实，即使是低温条件下，原子或分子也必然表现出一些热运动，从而导致了一些背景漫散射。现在假设一些A原子或分子被另一种B原子或分子取代。这可能是通过简单的置换，或通过类似于A分子但取向不同的分子。考虑下面的结构：

例 2

ABABABABABABABABABABABABABABABABAB···

这是一个完全有序的结构，A和B交替排列。同样，除了热散射外，预计不会存在任何漫散射。值得注意的是，这种情况下晶胞的重复长度AB是例1的两倍。因此，除了例1中观察到的布拉格衍射峰外，还会在倒易空间的中点形成额外的峰，从而形成超结构衍射峰。现在将无序性引入这个结构中。例如，考虑下面的情况：

例 3

AAAAAAAAAABBBBAAAAABBBBBBBBAAAAABBBBB···

这个结构显然不是完全有序的，而是显示了短程有序的特点。偶尔，在一系列A之后会发生一个错误，人们得到一些B。之后又是一些A，等等。这些相关区域的长度在统计上各不相同。这种结构的效应是在布拉格衍射峰周围累积漫散射强度。

在下面的例子中可以看到交替的A和B的相关区域，但偶尔会出现两个A或两个B在一起的错误：

例4

ABABABAABABABBABABABABBABABABABAABAB···

这也会产生漫散射强度，但这次它将集中在与基本晶胞重复加倍相对应的超结构点周围。这种特定的短程有序是堆垛层错的一个例子。

从本讨论中可以清楚地看出，当晶体中存在某种程度的短程有序时，除了通常的布拉格衍射峰之外还会出现一些漫散射。这可能会以分布在衍射图案不同部分的条纹或一般斑块的形式出现。具有相关性的区域范围越小，漫散射特征就越宽泛，所以通过研究衍射图案中扩展漫散射的程度和形式，人们可以获得有关无序性性质的有用信息。这有助于理解材料的性质，因为无序性破坏了对称性，这一点恰好可以解释特定材料的某些特定功能。

一个有趣的例子是药物阿司匹林的结构。已知它能以两种多形态形式结晶，分别标记为形态Ⅰ和形态Ⅱ。如图30所示为阿司匹林结构形态Ⅱ的晶体结构，图中展示了四个完整的分子。晶胞中含有四个乙酰水杨酸分子。分子1和3形成一个二聚体，即两个分子通过一个中心对称性相互连接（小圆）。同样地，分子2和4也会形成一个二聚体，而这两个二聚体通过一个垂直于绘图平面的二重螺旋轴相互关联（常规螺旋轴符号显示在晶胞的中心）。

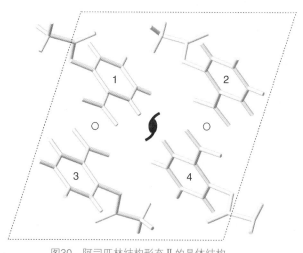

图30　阿司匹林结构形态Ⅱ的晶体结构

图31（a）左侧是一张长曝光的X射线衍射图案，除了正常的布拉格衍射峰外，还显示出垂直线条，右侧为放大的部分图案。

为了解释这一现象，这项研究的作者将分子1、2、3和4视为一个单一的单元，称为A。这个单元可以存在不同的取向，称为B。图31（b）左侧展示了模拟有序化模型的一小部分，用浅色和深色形状表示。A单元（浅灰色）在水平和垂直方向上都高度有序。然而，间歇性地会出现取向B的单元（深灰色），在水平方向上比在垂直方向上具有更高的相关性。较长程的水平有序性导致漫散射在水平方向上较窄，而较短程的垂直有序性导致漫散射强度在垂直方向上延伸。可以看出，该模型与观察到的漫散射非常相符，如图31（b）右侧所示。这种研究对于理解材料的性质非常重要。在像阿司匹林这样的物质中，这种无序性很可能会影响其溶解度，从而影响药物的吸收速度。

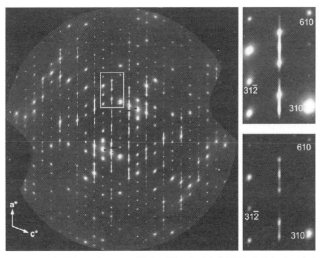

（a）阿司匹林结构形态Ⅱ的Ｘ射线衍射图案（右侧为放大的部分图案）

图31　阿司匹林结构形态Ⅱ的X射线衍射图案和漫散射模拟图

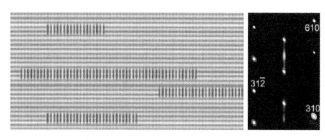

（b）漫散射模拟图

续图31　阿司匹林结构形态Ⅱ的X射线衍射图案和漫散射模拟图

第五章
窥探原子

相位问题

为什么晶体学家不直接使用X射线对原子成像呢？为了回答这个问题，首先考虑一下使用可见光和透镜形成图像的原理。一个简单的透镜系统射线图如图32所示，其中有一个物体（此处为埃菲尔铁塔）要被成像。O为物体，L为透镜，F为焦平面，I为像平面。光线进入透镜L，然后通过透镜的焦平面F，最终在I处形成一个倒置且放大的图像。值得注意的是，在从O到I的过程中，物体底部的每条光线都在图像中的相应位置结束，对于顶部和中间的所有点也是如此。然而，在焦平面F的任何位置，都会同时接收到来自物体所有点的信息。这就是包含物体衍射信息的地方。透镜的作用是利用光波的振幅和相位将来自物体的所有波源组合起来。

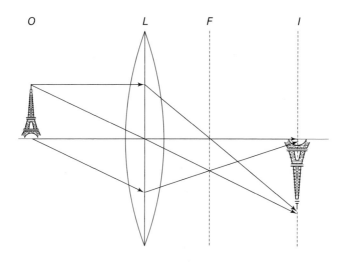

图32　简单的透镜系统射线图

但是，如果没有适用于X射线或中子束的透镜呢？在这种情况下，无法直接组合X射线或中子束的振幅和相位，因此只能接收衍射强度信息。需要注意的是，电子显微镜中存在磁透镜，因此只需按下按钮就可以使用辅助透镜查看焦平面（衍射信息）或图像平面（观察单个原子和分子）。近年来，电子显微镜取得了巨大进展，已经实现了对单个原子的观察。然而，对于X射线和中子束，没有方便可行的透镜可用，因此相位信息就丢失了。

作为替代，晶体学家测量每个hkl平面衍射峰的强度，并从中获取振幅的模值，称为结构因子$F（hkl）$，因此

$$|F（hkl）|^2 \propto I（hkl）$$

然而，为了从衍射信息中重建晶体结构，必须完成透镜对可见光的作用。这意味着必须以某种方式找到不同的相对相位，这被称为相位问题。为了解决这个问题，晶体学家发展了许多不同的数学方法确定相位。

"看见"原子

假设人们现在已经获得了所有的振幅和相位。那么，不同的振幅和相位必须相互结合，以形成晶体结构的图像。在过去，这个过程是手工完成的，由于需要测量几百个（或数千个）衍射峰，耗时极长。然而，现代计算机改变了这一切。大约30年前，小分子晶体学的研究生通常通过解决含有多达一百个原子的三个晶体结构来获得博士学位。然而，如今情况已经不同，结构解析已经变得更加常规化。

将振幅和相位进行合并的技术最早由WHB在1915年的巴克里安讲座中提出。他的方法被称为傅里叶合成。本质上，

这是一个将结构因子列表及其相位进行反傅里叶变换的过程，以计算出电子密度（在X射线衍射中）或核密度（在中子衍射中）。在晶胞的任意位置（x，y，z），电子密度可以用以下方式表示：

$$\rho(xyz)= \frac{1}{V}\sum_{hkl}|F（hkl）|\cos 2\pi(hx+ky+lz-\varphi_{hkl})$$

在公式中，V表示晶胞的体积。这个公式初看起来可能显得复杂，但实际上它只是描述了将所有的衍射波根据其方向、振幅和相位相互叠加的方式。余弦项只是描述每个波的数学方法，而相位角φ_{hkl}则决定了波的峰值和谷值出现的位置。因此，当相位角为零时，余弦波的峰值位于晶胞原点（$x = y = z = 0$），而当相位角为180°时，波谷位于晶胞原点。波的高度，也就是振幅，由$|F（hkl）|$给出。而米勒指数h、k和l则决定了波的方向。

为了更好地进行理解，人们可以参考图33，它以二维形式说明了这个过程。在图33（a）的左侧图中，显示了两个衍射峰，其米勒指数分别为$h = 2$，$k = -3$及对称的$h = -2$，$k = 3$。同时，一个倒格矢将它们连接起来，并通过原点。图

129

33（a）中间图显示了与这个倒格矢垂直的一组条纹，这个条纹对应着由电子密度方程中的余弦函数表示的平面波。波长与该特定（hkl）平面的间距相对应，与倒格矢的长度成反比。波的振幅F（$2\bar{3}0$）＝F（$\bar{2}30$）＝43决定了波的峰值的高度，也就是图中变黑的程度。图33（a）右侧图再次展示了这个波。现在，假设人们添加另一个衍射峰的贡献，如图33（b）所示，该衍射峰的米勒指数为$h=3$，$k=4$及$h=-3$，$k=-4$。

图33（b）右侧图展示了将这个衍射峰添加到第一个波中的结果。请注意，这两个波的相位角均为0°，这意味着将波的峰值置于原点，即在图中的左下方。在图33（c）中，添加了第三个波，其米勒指数为$h=0$，$k=2$，相位角为180°，在原点形成一个波谷。仅仅通过三个波，就已经可以看到可能的原子位置了。图33（d）展示了添加了另外124个波之后的结果，此时可以清晰地看到构成分子的原子（在这个例子中是萘中的碳原子）。每个原子图像周围的涟漪效应是由级数截断引起的，这是由于限定数量的衍射峰振幅的存在，衍射峰数量越多，级数截断越小，个别原子图像才会越清晰。

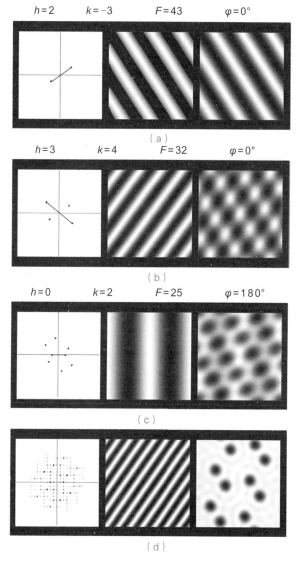

$h=2$　　$k=-3$　　$F=43$　　$\varphi=0°$

（a）

$h=3$　　$k=4$　　$F=32$　　$\varphi=0°$

（b）

$h=0$　　$k=2$　　$F=25$　　$\varphi=180°$

（c）

（d）

图33　萘结构的傅里叶合成过程

如图34所示为1949年制作的一张萘分子傅里叶图，当时使用早期计算机对612个结构因子进行了求和。人们不得不佩服早期研究人员的毅力，他们费力地通过目视逐个测量这些衍射峰的强度。如今，衍射仪可以自动测量衍射峰的强度，而计算机使人们能够对成千上万个结构因子进行常规求和。因此，傅里叶合成使人们能够"看见"真实的原子。事实上，正是相位和振幅的叠加使人们能够看到周围的物体：眼睛的晶状体实际上为人们执行了傅里叶合成。从某种意义上说，在晶体学中，"晶体学家就是透镜"！

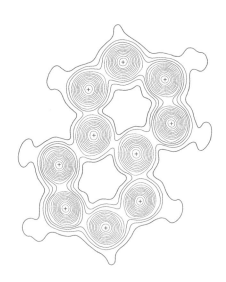

图34　萘分子傅里叶图

相位检测

如果人们想要确定晶体中原子的位置，相对相位的知识就显得至关重要。但是如果人们没有相位信息，该如何解决这个问题呢？对于中心对称晶体而言，只需要两种相位角，即0°和180°，如图33所示的例子。但是对于非中心对称晶体来说，相位可以取任意值，因此情况就变得更加复杂了。自从发现X射线晶体学以来，科学家们已经开发出许多不同的方法解决这个问题。在这里，笔者只介绍其中的几种。

通常，人们在开始时已经知道了关于结构的许多先验信息。例如，在分子化合物中，人们可能已经通过化学制备方法、光谱学和其他技术得知了分子的基本形状。在这种情况下，可以尝试以试错法开始，先确定一些原子的近似位置，然后再找到剩下的原子。通过将观测到的结构因子与使用这个有限模型计算得出的结构因子进行比较，人们通常可以调整原子位置并确定缺失的原子，以尽量减小差异。

其中一种方法是重复进行傅里叶合成，但这次使用初始模型下观测到的结构因子与计算得出的结构因子之间的差值，也称为差值傅里叶图。这通常可以推测出缺失原子的可能位置。在小分子晶体学中，计算机程序可以通过最小二乘法微调原子的位置。通过优化原子位置，人们可以减小观测数据和计算数据之间的差值。通常情况下，最小二乘法的优化还可以提供有关原子振动幅度的信息，因为相关的位移参数也可以作为优化过程的一部分来考虑。

另一种方法是帕特森法，该方法由美国科学家阿瑟·林多·帕特森（Arthur Lindo Patterson，1902—1966）于1935年提出，用于在不知道相位的情况下获得模型结构。该方法利用强度（严格来说是结构因子模的平方）构建一个傅里叶图，其中所有贡献的相位均被设定为0°。由此得到的傅里叶图包含表示原子之间（而不是原子本身）向量的峰值，经验丰富的晶体学家可以利用这些峰值推测出符合这些向量的结构模型。为了理解这一点，请记住晶体学家查尔斯·霍华德·卡莱尔（Charles Howard Carlisle，1911—1995）在伦敦伯克贝克学院教这门学科时喜欢说的一句话："所有向量指向一个共同的起点"，他将这称为"帕特森的农民定义"。

图35说明了帕特森图与晶体结构的关系。图35（a）展示了一个假设结构的投影，其中包含三个原子，它们的电子密度依次为$A > B > C$。现在，考虑一个与晶胞尺寸相同的单元格，并在其中添加与原子之间向量相对应的峰值。因此，在图35（b）中，每个原子都有一个指向其自身的向量，该向量长度为零，这在单元格原点上形成一个高度为$A^2 + B^2 + C^2$的峰值（根据平移对称性，这个峰值也在其他角落上出现）。图35（c）中添加了从A到B及从B到A的向量所对应的峰值，每个向量都从单元格原点开始。这些峰值的高度与密度乘积AB成比例。图35（d）重复了A到C和C到A的向量，图35（e）重复了B到C和C到B的向量；图35（f）展示了仅在一个晶胞内的帕特森峰值。

可以看出，如果人们从帕特森图〔图35（f）〕开始，原则上应该可以提出可能的晶体结构模型，这些模型可以产生这样一组峰值。在过去，这个过程格外依赖晶体学家的技术。随着晶胞中原子数量的增加，帕特森图会变得更加复杂。这种方法已被用于许多结构测定，例如，多萝西·克劳福特·霍奇金在1945年确定苯甲酰青霉素的结构，以及马克斯·珀鲁茨和约翰·肯德鲁在20世纪40年代确定肌红蛋白和血红蛋白的首个蛋白质结构。然而，如今对技术的要求降低了，因为计算机可以自动解决这个问题，帕特森法已成为晶体学家常用的程序包的一部分。也许，这让人们失去了一些求解帕特森图的乐趣。

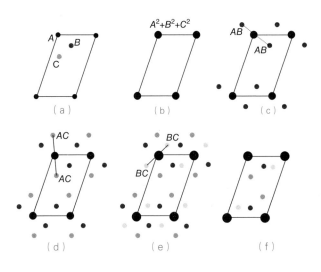

图35　帕特森图与晶体结构的关系

　　假设晶体中存在一种比其他原子散射得更强烈的原子。在这种情况下，可以首先忽略其他原子，基于仅在晶胞中存在一个原子的假设，计算结构因子和相位。然后，可以将这些相位应用于观测到的结构因子，并通过傅里叶变换计算出电子密度图。由于强散射体占主导地位，大部分相位应该是准确的，因此该图应该显示出大部分其他轻原子的存在。这在大分子晶体学中特别有用。

一种相关的技术是在结晶过程中添加一个特定的强散射原子，通常是将原始晶体浸泡在含有重原子的溶液中。这会导致衍射峰强度发生微小但可辨的变化，使用帕特森法通常可以找到轻原子。这被称为多对同晶置换（MIR），需要至少三个晶体进行实验。

同步辐射的波长可调性提供了另一种方法，即多波长反常散射（MAD），这在大分子晶体学中经常使用。通过调整波长，结构中重原子对入射的X射线有强烈吸收，打破了弗里德定律。通常会测量三个波长，一个在吸收峰处，另外两个在吸收峰两侧。根据衍射强度的变化可以确定衍射峰的相位。

在蛋白质晶体学中，最常用的方法可能是分子置换。这依赖于对与研究对象相关的一种蛋白质结构的了解，甚至是对不同晶体形态的同一蛋白质结构的了解。为了建立新晶体形态的原子模型，需要确定该模型在新的晶胞中的定向和位置。这可以通过比较相对帕特森图来实现。当晶体中的结构与已知结构的相似性达到25%～30%时，就可以使用分子置换解决结构问题。随着已解决结构数据库的不断增大，这种方法变得越来越有用。

另一个完全不同的方法是采用统计方法，也被称为直接法。人们已经知道衍射图案中的振幅是由晶胞中原子的傅里叶变换和倒易晶格的乘积得到的，因此，不同衍射峰的相位之间必定存在某种关系。此外，人们知道电子密度始终为正。

1952年，美国晶体学家大卫·塞尔（David Sayre，1924—2012）做出了一项重要贡献，引入了塞尔方程。这是一个数学关系，可以找到一些衍射波束相位的可能值。为此，人们选择具有指标hkl和$h'k'l'$的任意两个结构因子。

$$F(hkl) = \sum_{hk'l'} |F(h'k'l')F(h-h', \quad k-k', \quad l-l')$$

这意味着hkl衍射峰的结构因子可以通过多对结构因子的乘积之和计算得出，每一对结构因子的指数之和均为需要求得的h、k、l。这个方程在中心对称结构中会产生一个结果，即三元关系：

$$S(hkl) \approx S(h'k'l')S(h-h',\ k-k',\ l-l')$$

这里的S代表结构因子的符号：如果相位为0°，则S为正值；如果相位为180°，则S为负值。这个关系在强衍射峰中表现得最为明显。美国的杰瑞·卡尔（Jerry Karle，1918—2013）和赫伯特·霍普曼（Herbert Hauptman，1917—2011）因为开发利用直接法解决相位问题，于1985年获得了诺贝尔化学奖。目前已经开发出多种应用直接法的计算机程序。它们在小分子结构中运行良好，尤其是对于含有许多具有相似散射能力的原子的有机化合物。在这些情况下，结构的确定几乎是自动完成的，但笔者要强调的是，结构测定仍然会产生一些意料之外的结果，因此盲目依赖自动解决方案是不明智的。

近年来，出现了一种令人惊叹的用于解决晶体结构的新技术，被称为电荷翻转法。2004年，两位匈牙利光学物理学家盖博·奥兹兰尼（Gábor Oszlányi，1950—）和安德拉什·苏特（András Sütő，1927—2006）利用了之前用于照片图像处理的数学技巧，将这一技术引入晶体学领域。电荷翻转法可以用于解决含有相对较少原子的无机和有机晶体的结构。

具体的步骤如图36所示：

步骤1　对所有的结构因子赋予随机相位。

步骤1 → 步骤2　将这些结构因子和随机相位进行傅里叶变换，生成伪电子密度图。当然，在这个阶段，伪电子密度图与真实的电子密度图完全不同。

步骤2 → 步骤3　巧妙之处就是将所有假设水平以下的电子密度值取反。

步骤3 → 步骤4　对这个图进行反向傅里叶变换，生成一组新的结构因子和相位。

步骤4 → 步骤5　将这些新的相位应用于原始的结构因子。

步骤5 → 步骤2　再次进行傅里叶变换，得到下一个伪电子密度图。

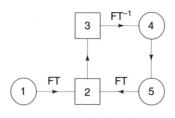

图36　电荷翻转法步骤

　　这个过程持续循环。令人惊讶的是，它不需要任何对称信息，然而最终正确的晶体结构就像从迷雾中自动浮现出来一样。这个技术已经被应用于许多晶体结构的测定，现在是被写入晶体结构精修软件中的标准程序之一。

第六章
射线源

X射线

为了观察晶体的衍射现象，需要一种波长与原子间距相近的辐射源。幸运的是，电磁频谱中的X射线区域恰好满足这个要求。伦琴时代及其后的几年里，X射线的产生相对而言还比较粗糙，通常是通过电子束与金属靶或阴极发生碰撞来实现的。早期的X射线设备危险、易泄漏且不稳定，需要控制管内的气体，后来生产的玻璃管则需要良好的真空环境。从那时起，产生X射线的设备得到了显著改善，辐射强度和使用便利性不断提高。

现代可靠的密封X射线管（图37）遍布全球各地的研究实验室。电子从加热的钨丝发射出来，并在高电压（通常为10～100千伏）的驱动下朝着金属靶运动。在电子减速和被金属靶吸收的过程中产生X射线，并通过铍窗发出。为了避免金属靶过热和损坏，现在也有一些商业化的风冷源可供选择，但通常使用水冷冷却金属靶。使用旋转阳极发生器可以获得更高的辐射强度，其原理是通过电机将阳极高速旋转，防止热量在一个位置上积聚。

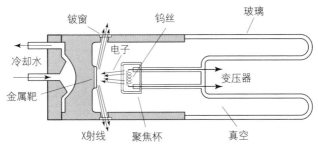

图37　现代密封X射线管

　　产生的X射线光谱由一系列密集而尖锐的特征线组成。当金属靶内的外层电子填补内层电子的空位时，会以每种元素的"特征"模式释放出X射线。这种特征X射线的存在是由查尔斯·格洛弗·巴克拉（Charles Glover Barkla，1877—1944）于1909年发现的，他因此项发现荣获了1917年的诺贝尔物理学奖。铜和钼靶材的典型发射光谱如图38所示。

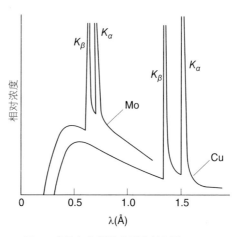

图38　铜和钼靶材的典型发射光谱

X射线管

在晶体学应用中通常使用的谱线是$K\alpha$线（实际上是一个近似的双线）。例如，对于铜靶而言，双线波长分别为$K\alpha_1 = 1.54051$ Å和$K\alpha_2 = 1.54434$ Å，并且偶尔也会产生较短波长的$K\beta$线。如果想要获取近似单色的$K\alpha$束流，可以使用合适金属制造的滤光器除去大部分$K\beta$辐射。例如，如果靶材是铜制的，那么镍滤光器将吸收大量$K\alpha$波长下方的辐射。为了获得更高的波长分辨率，可以使用晶体（如硅或石墨）作为单色器。将特定晶体学晶面定向到X射线束中，使其符合布拉格定律，衍射束将具有所需的特定波长。

需要注意的是，除了特征光谱外，还存在一个连续分布在所有波长上的宽泛背景辐射。这种连续的背景辐射也被称为白辐射或韧致辐射。自19世纪以来，人们已经知道，当带电粒子加速或减速时，会发射出电磁辐射，即拉莫尔辐射。这在无线电波的产生中得到了应用。韧致辐射则是入射电子在接近靶中原子时减速而产生的，而恰好是这种辐射使得弗里德里希和尼平能够在1912年的春天获得第一批衍射斑点。

同步辐射

对蟹状星云发出的光进行的早期研究表明，其光线呈现出了强烈的偏振性，尤其是在蓝光区域。1953年，有学者提出这种现象是电子以接近相对论的速度沿曲线轨道运动产生的，被称为同步辐射。

当一个带电粒子被迫加速到接近光速时，可以证明其辐射会被限制在一个狭窄的锥形区域内，且该区域位于粒子自身之前。对于在圆形轨道上加速的带电粒子，其瞬时辐射功率与其静止质量的四次方成反比。因此，只有电子加速器中的粒子才会有显著的辐射效应。为了在地球上实现这一点，人们建造了同步加速器：电子被迫沿着直径为几米的圆形轨道运动。这种同步加速器所产生的辐射覆盖了一系列连续的波长，其峰值波长与轨道半径成正比，与电子能量的立方倒数成反比（通常在GeV的能量范围内）。最初，大约在1970年之前，这类加速器主要用于高能物理研究，而辐射效应大多被忽视。然而，随后辐射效应吸引了学界的主要兴趣，现在世界上有大量的同步辐射源（表2）专用于产生高能辐射，代表着亿万美元的国际投资。

表 2　部分同步辐射源

名称	国家
澳大利亚同步加速器	澳大利亚
国家同步辐射实验室	巴西
存储环设施研究所	丹麦
卡尔斯鲁厄洪斯特朗源	德国
柏林 BESSY II—赫尔姆霍兹中心	德国
多特蒙德电子储存环设施	德国
电子伸展加速器	德国
计量光源	德国
DESY PETRA III	德国

续表

名称	国家
杜布纳电子同步加速器	俄罗斯
库尔恰托夫同步辐射源	俄罗斯
西伯利亚同步辐射研究中心	俄罗斯
TNK	俄罗斯
欧洲同步辐射设施	法国
SOLEIL	法国
浦项光源	韩国
加拿大光源	加拿大
先进光源	美国
先进光子源	美国
先进微结构与设备中心	美国
康奈尔高能同步辐射源	美国
国家同步辐射源Ⅱ	美国
斯坦福同步辐射源	美国
同步辐射紫外辐射设施	美国
爱知同步辐射中心	日本
广岛同步辐射中心	日本
光子工厂	日本
立命馆大学同步辐射中心	日本
佐贺光源	日本

名称	国家
SPring-8	日本
紫外同步辐射轨道辐射设施	日本
MAX Ⅳ实验室	瑞典
瑞士光源	瑞士
同步辐射光研究所	泰国
ALBA	西班牙
新加坡同步辐射源	新加坡
CANDLE	亚美尼亚
伊朗光源设施	伊朗
DAFNE	意大利
埃莱特拉同步辐射光实验室	意大利
先进技术中心	印度
钻石光源	英国
SESAME	约旦
北京同步辐射装置	中国
国家同步辐射实验室	中国
上海同步辐射源	中国

　　同步加速器的基本设计包括使用热线源创建电子，然后在线性加速器中对其进行加速。线性加速器实际上是一个被

大功率磁铁环绕的长导管，用于引导和加速电子。线性加速器出口的电子随后被注入一个环形加速器，在该加速器中，恰当安置的磁铁迫使电子沿着曲线路径运动。在早期的同步加速器中，电子连续地被注入环，但后来被存储环所取代。存储环中的电子只会（每隔几个小时）偶尔注入，并且电子会持续循环，逐渐失去能量，直到下一次注入。许多第三代同步辐射源采用增补模式运行，即通过相对频繁的注入补偿电子电流的损失。这不仅提供了恒定的辐射源强度，还使得同步加速器的热负荷保持恒定，在每个光束线上提高了束流的位置稳定性。

如图39（a）所示为一个典型的存储环布局。电子在位置1处产生，沿着路径（位置2）进行线性加速，并被注入助推同步加速器（位置3）。例如，在英国的钻石光源中，助推同步加速器采用射频电压源将电子从100 MeV加速到3 GeV。然后，这些高能电子被注入存储环（位置4）。由于X射线在电子环行的同时被辐射出来，因此在环的各个位置建造了与环切线相切的光束管。光束管将辐射引导到特制的实验站，在那里可以进行X射线实验。每个实验站包括一个光学小屋（位置5），用于将所选波长的光束进行聚焦，一个实验区域（位置6）和一个控制舱（位置7）。如图39（b）所示为英国钻石光源全景，图中环的周长是562米。

同步辐射具有许多独特的特点。第一，现代同步辐射源发出的辐射覆盖了硬X射线区域到紫外线、红外线甚至可见光的宽波长范围。第二，与X射线管不同，同步辐射源没有特征线，辐射强度随波长连续变化，产生白色辐射，如图39（c）所示。第三，同步辐射产生的X射线强度比传统X射线管高出几个数量级。

另一个有趣的特点是，同步辐射在水平平面上呈平面偏振状态。从地面上观察，这个平面延伸至环的边缘，电子在环内的运动就像是一个巨大的平面偶极子，这导致了平面偏振现象。此外，在垂直平面上，辐射经过高度聚焦，例如在1 Å波长下，辐射约限制在约0.014°内。而传统X射线管的辐射则具有很强的发散性。

除了普通的同步加速器外，有时还会在同步辐射环中放置额外的磁铁，使电子路径产生摆动运动。这意味着局部电子会沿着较小直径的轨道运动，从而在硬X射线区域产生较短的峰值波长（或更高的峰值能量）。另一种方法是在环中插

（a）存储环布局　　　　　　　（b）英国钻石光源全景

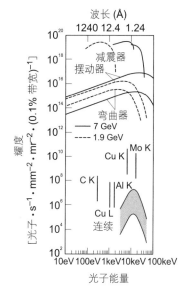

（c）不同 X 射线源的耀度

图39　同步辐射

入一组周期性排列的偶极磁铁（摆动器）。摆动器内的静态磁场沿着长度交替出现，使每个磁铁发出的辐射相干叠加。这种相干性导致光谱中能量带内的辐射强度更高且集中。此外，可以调整摆动器以产生更高的谐波，从而获得不同的波长。

使用同步辐射需要申请束流时间，并前往同步辐射装置进行实验，这与在本地实验室轻松获得传统源不同。然而，同步辐射具有与传统X射线管产生的辐射截然不同的性质。这也就意味着可以进行与普通X射线实验室完全不同的实验。目前，同步辐射在生命科学领域应用最广，可用于需要快速收集大量数据解析数千个病毒和蛋白质结晶的结构问题。

自由电子激光器

自由电子激光器是更近期的一项重要发展。在这种激光器中，电子脉冲被引导沿着线性轨道加速，并通过磁铁的作用被塑造成极短的脉冲。然后，这些脉冲经过一个弯曲装置，在电子上下摆动时产生辐射，与电子相互作用形成高强度、相干且可调谐的X射线束。现在已有的部分自由电子激光器中心见表3。

表3　部分自由电子激光器中心

名称	国家
欧洲 X 射线自由电子激光	德国
DESY FLASH	德国
ELBE 自由电子激光	德国
奥赛红外激光中心	法国
红外实验自由电子激光	荷兰
太赫兹科学技术研究所	美国
杰弗逊实验室自由电子激光	美国
直线加速器相干光源	美国
红外自由电子激光研究中心	日本
SPring-8 埃米级紧凑自由电子激光	日本
瑞士自由电子激光	瑞士
TARLA 红外自由电子激光与韧致辐射设施	土耳其
FERMI	意大利

近几年的研究结果表明，由此产生的辐射能够在非常小的蛋白晶体上实现极快速的衍射数据收集。汉堡和斯坦福的研究团队，包括亨利·查普曼（Henry Chapman，1967—）、亚诺什·哈杜（Janos Hajdu，1948—）和约翰·斯宾斯（John Spence，1946—），进行了有意义的实验。他们将小

型蛋白晶体的细微粉末引入自由电子激光器的X射线束。X射线的能量足以破坏每个小晶体，但在小晶体被破坏之前，成像探测器能记录下衍射图案。每个闪光图像能够以大约25飞秒（1飞秒为10^{-15}秒）的速度被记录，而且可以收集到成百上千个衍射图案。当晶体粉末通过束流时，具有所有随机取向的晶粒的衍射图案均被记录下来。计算机的后期处理能够对这些图案进行整理，并利用其数据解析出蛋白质晶体的结构。由于这种技术适用于微小晶体样本，因此不再需要使单晶生长至同步辐射实验所需的尺寸。而且据预测，在可见的未来，可能使用单个分子开展衍射研究，从而完全避免了使用晶体，至少在大分子研究中是如此。

目前，这一应用主要的缺点在于需要大量蛋白质纳米晶体（及纯化过的蛋白质）。自由电子激光辐射在蛋白质晶体学中的应用如图40所示。此外，自由电子激光器只提供单一的X射线源，从而限制了同时容纳用户数量的问题。是否能够最终解决这个问题还有待观察。毫无疑问，这是一个正在快速发展和令人兴奋的新研究领域，人们可以期待这类晶体学研究在未来取得巨大进展。

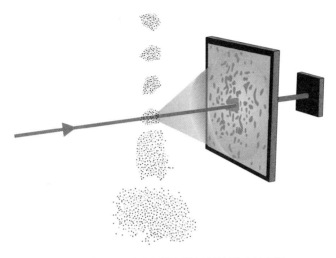

图40　自由电子激光辐射在蛋白质晶体学中的应用

中子源

　　20世纪40年代中期，人们发现中子束可以像X射线一样被晶体衍射。加拿大的伯特拉姆·布洛克豪斯（Bertram Brockhouse，1918—2003）和美国的克利福德·舒尔（Clifford Shull，1915—2001）因开发了这项技术而获得了1994年的诺贝尔物理学奖。这项技术的主要特点在于，虽然X射线由原子周围的电子云衍射，但中子由原子中心处的原子核散射。中子作为亚原子粒子，本身非常微小，与原子核的尺寸相当。通常，中子是通过稳态核反应堆产生的，具有高能量。然后，通过使用重水或石墨等减速材料使其能量降低，直到其能量处于约0.12 eV的热状态区域。尽管它们是粒子，但根据德布罗意1924年提出的波粒二象性原理，中子也可以用具有特定波长的波来描述：

$$\lambda = \frac{h}{mv}$$

其中h是普朗克常数，m是中子质量，v是中子的动能速度。在热态区域的中子速度约为几千米每秒，对应的动能为电子伏特的几分之一。0.12 eV的能量对应的波长约为1.5Å，与Cu K$_\alpha$ X射线的波长类似。

由于原子核比围绕原子的电子云要小得多，被原子核所散射的中子散射角比被电子云散射的X射线散射角要大得多（回忆傅里叶变换的"规则"），因此，中子散射因子，通常称其为中子散射长度，几乎不具有角度依赖性，与X射线的情况不同。此外，中子散射长度的量级与原子序数无关，甚至可以为负（表示相位变化了180°）。

如今，另一类中子源，即所谓的散裂中子源，如英国卢瑟福-阿普尔顿实验室的ISIS和美国阿贡实验室的IPNS（瑞典隆德的欧洲散裂中子源正在兴建中）。此类源头利用同步加速器将质子加速到高能量，随后令质子撞击金属靶（如钨），从而产生中子。由于质子同步加速器的时间结构，这种中子源是脉冲性的，并且产生的中子具有连续波长。与稳态反应堆相比，它们产生的中子强度更高，并且测量衍射信息的方法也有所不同。在这种情况下，需要测量中子的飞行时间以评估其动量，由此推导出其能量或波长。测量过程中使用设置为固定角度的探测器，并不像在稳态反应堆中使用的探测器那样在不同角度上进行扫描。数据根据飞行时间分组到通道中，并绘制出强度与飞行时间之间的关系。世界各地的部分中子衍射设备见表4。

表4　部分中子衍射设备

名称	国家
布拉格研究所，ANSTO	澳大利亚
柏林中子散射中心	德国
盖斯特哈赫特赫尔姆霍兹中心的 GEMS	德国
于利希中子科学中心	德国
慕尼黑 FR-Ⅱ	德国
杜布纳弗兰克中子物理实验室	俄罗斯

名称	国家
加契纳圣彼得堡中子物理研究所	俄罗斯
格勒诺布尔劳埃－朗之万研究所	法国
萨克雷列昂·布里渊实验室	法国
高通量先进中子应用反应堆	韩国
代尔夫特 RID	荷兰
乔克河加拿大中子束中心	加拿大
橡树岭中子设施（SNS/HFIR）	美国
洛斯·阿拉莫斯中子科学中心（LANSCE）	美国
密苏里大学研究反应堆中心	美国
印第安纳大学回旋加速器设施	美国
东海 ISSP 中子散射实验室	日本
东海 JAEA 研究反应堆	日本
筑波 KENS 中子散射设施	日本
SINQ，保罗谢勒研究所	瑞士
布达佩斯中子中心	匈牙利
孟买巴巴原子研究中心	印度
ISIS－卢瑟福－阿普尔顿实验室	英国

中子源具有许多实用的应用，并且其结果可以与X射线获得的结果相互补充。特别是，由于X射线散射因子取决于电子

数目，所以在重原子存在的情况下，使用X射线定位轻原子可能会比较困难。而中子散射长度与原子质量无直接关系，因此可以克服这种困难。然而，使用中子定位氢原子可能存在一些问题，因为氢原子的质量接近中子的质量：当中子撞击氢原子时，氢原子会吸收一部分中子的能量，从而产生大量的非相干背景散射。为了解决这个问题，有时会将晶体中的氢原子替换为较重的同位素氘。

中子衍射的另一个重要应用是磁性结构研究。中子是具有核自旋的粒子，这意味着它可以与磁场相互作用。如果晶体中存在具有净磁矩的原子，它们就会与中子自旋相互作用，产生与原子磁矩位置相关的额外散射。

在晶体学中，中子衍射应用最广泛的领域是粉末衍射。通过利用里特沃尔德法，特别是在散裂中心源的条件下，可以获得极高分辨率的粉末数据，然后对粉末中的晶体结构进行精修。图41（a）显示了观测数据（点）和里特沃尔德精修后的拟合曲线（实线）。上方的垂直线表示预期衍射峰的位置，展示了这个粉末图案的复杂性。这里绘制的是粉末图案相对于晶面d间距的关系；有时也可以绘制相对于飞行时间的关系。图41（b）是对苯的低温衍射数据进行的精修图案，可以清楚地看到里特沃德法如何完美地拟合了峰形。

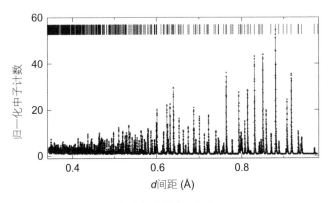

（a）氧化铝（Al$_2$O$_3$）

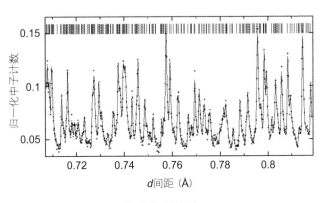

（b）苯（C$_6$H$_6$）

图41　在1987年，使用ISIS的高分辨率粉末衍射仪
（HRPD）进行的里特沃尔德精修

电子衍射

1921—1925年，克林顿·戴维森（Clinton Davisson，1881—1958）和雷斯特·革末（Lester Germer，1896—1971）在美国展开了一项研究，探究了在真空环境下，将加热丝发射的电子束照射到镍的多晶样本上的效果。科学史上通常发生的情况再次出现，空气意外地进入真空室，导致镍表面产生了氧化膜。他们试图通过加热试样去除这层氧化膜，却没有意识到，这样做使得镍形成了大面积的单晶区域。重新进行实验时，他们在可移动的探测器上捕获到了一个衍射图案。与此同时，乔治·佩吉特·汤姆森（George Paget Thomson，1892—1975）在阿伯丁采用电子照射金属的实验独立地获得了类似的效果。1937年，戴维森和汤姆森因为证明了电子具有波动性，与德布罗意的波粒二象性假设相吻合，共同获得了诺贝尔物理学奖。

与X射线和中子不同，电子束作为带电粒子可以被磁场偏转。1926年，德国的汉斯·布施（Hans Busch，1884—1973）展示了这一性质可以用来构建电磁透镜，这为电子显微镜的发展提供了契机。1931年，物理学家恩斯特·鲁斯卡（Ernst Ruska，1906—1988）和电气工程师马克斯·诺尔（Max Knoll，1897—1969）在德国共同开发出了电子显微镜。鲁斯卡因此获得了1986年的诺贝尔物理学奖。人们很快意识到，使用电子显微镜可以选择观察样本的衍射平面或图像平面，只需简单地切换磁透镜即可。这为研究材料的微观结构提供了非常有力的工具，因为人们可以将在衍射图案中观察到的特征与在图像中观察到的特征联系起来。自电子显微镜最初的开发以来，又发展出了许多不同的技术。例如，透射电子显微镜（TEM）可以使电子束穿过样本，而扫描电子显微镜（SEM）则将电子束扫描在样本上并反射回探测器。根据加速电子所使用的不同激发电位，人们可以研究不同的况态。因此，低能电子衍射（LEED）被用于研究表面的结构。

　　近年来，透镜和探测器在分辨率和稳定性方面取得了巨大的进展，因此现在实际上对晶体中的单个原子进行成像已比较常见。这对于理解晶体结构的细节，包括可能影响材料性质的畸变或无序，具有重要意义。然而，由于电子束需要加热和高真空（压力低于10^{-12}个大气压），研究有机晶体，尤其是生物样品，一直都是难题。然而，如今许多电子显微镜引入了低温技术，以在电子束中稳定这些样品，这种方法显示出相当大的潜力。

前些年，在透射电子显微镜发展中出现了一种被称为环形明场像（ABF）的新技术。如图42（a）所示，在这种技术中，电子束被聚焦至亚埃级尺度，并在试样上进行扫描。散射的电子束被一个环形探测器接收，并在扫描过程中积分计算散射强度。最终可以清楚看到单个原子的试样图像。如图42（b）所示为$PbZr_{0.53}Ti_{0.47}O_3$晶体的环形明场像。线条标示出包围Zr/Ti原子的八面体周围的O原子。Pb原子为八面体之间的大球体，而八面体的中心位置用小球体表示。

另一种是环形暗场像（ADF），它从更高的角度收集数据，主要来自非相干散射的电子，而不是布拉格衍射的电子。这种技术对样品中原子的原子序数变化非常敏感。该技术也被称为高角度环形暗场像（HAADF）。显然，随着电子学、计算机和磁体设计的最新发展，晶体材料电子显微镜技术将迎来一个引人入胜的未来。

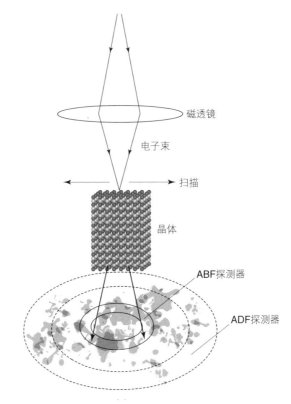

磁透镜

电子束

扫描

晶体

ABF探测器

ADF探测器

（a）环形明场和暗场成像示意

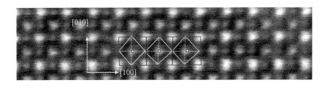

（b）PbZr$_{0.53}$Ti$_{0.47}$O$_3$ 晶体的环形明场像

图42　环形明场像（ABF）新技术

未来展望

正如人们所见，晶体学是一门古老的学科，最初主要是科学家们的学术兴趣所在。然而，自1912年劳厄和布拉格的发现使其成为具有重要实际用途的科学以来，晶体学不断发展，对科学和社会产生了深远影响，成为人们理解许多事物的基石。然而，尽管进行了一百多年的结构研究，时至今日晶体学仍在取得重大进展。这可以从衍射仪等设备的不断更迭中看出，新设计使设备变得更加快速和自动化。同时，在过去的40多年里，辐射源也取得了令人惊异的发展，包括实验室X射线发生器、同步辐射源、自由电子激光和中子设施等。同时，计算能力也得到大幅提升。综合所有这些因素，可以说如今人们能够利用晶体完成很多以前难以想象的科学研究。

电子显微镜中磁透镜设计的发展也促使人们能够更近距离地观察晶体中的原子，并研究它们对周期性结构的偏离。电子显微镜的新型探测器，例如在一种新型冷冻电子显微镜（Cryo-EM）中使用的探测器，在蛋白质结构研究中展现出巨大的潜力。自由电子激光正迅速成为下一代辐射源，并且必将带来固态结构研究的新方法。未来可能不再总是需要晶体，特别是对于某些生物分子，单个分子的衍射可能很快就能实现。就在笔者写作的同时，人们已经能够对单个病毒颗粒进行成像了。

有趣的是，蛋白质晶体学家格雷戈里·佩特斯科（Gregory Petsko，1946—）几年前在博客中写道："关于X射线晶体学的未来，人们能够提出的最明确的观点是，它在现有形式下没有未来！"然而，对此笔者想说的是，他是从一名蛋白质晶体学家的相对狭隘视角来看待这个问题的，尽管在许多情况下他的说法可能是正确的。人们需要记住，对于蛋白质或病毒晶体学家来说，他们的兴趣在于分子本身，而不是分子在晶体中的排列方式。对于大多数甚至所有的蛋白质晶体学家来说，晶体只是一种将蛋白质分子有规律地排列以获得衍射图案的手段。他们对于具体的堆积方式及晶体中蛋白质分子之间的相互作用并不是特别关注。然而，X射线晶体学（及中子和电子晶体学）远不仅限于蛋白质的研究，尽管蛋白质的研究非常重要。然而，笔者确实同意它不会停留在现有的形式上，因为这是一门日新月异的学科。

另一个快速发展的领域是利用固态核磁共振（NMR）确定晶体结构。NMR仪器在设计上的改进为科学家提供了与传统衍射方法互补的信息。

新型的固体材料也正不断被发现，并经常成为科学家关注的焦点。几年前，高温超导体的发现引发了国内外科学出版物和公众的广泛关注。石墨烯及其相关物质，以及可用于制造高效太阳能电池的钙钛矿材料备受关注，笔者完成本书时已经涌现了大量学术论文。为了理解、改进和实际应用这些材料，晶体学方法至关重要。其中一些材料可能会对人们的生活产生重大影响。毫无疑问，未来还会发现更多令人惊奇的材料。笔者相信，即使在一百年后，布拉格定律仍将被广泛应用。

名词表

A

阿达·约纳特	Ada Yonath
阿尔特·詹姆斯·布拉德利	Albert James Bradley
阿尔茨海默病	Alzheimer
阿洛伊西奥·詹纳	Aloysio Janner
阿诺德·卡兰乔特	Arnould Carangeot
阿诺德·佐默费尔德	Arnold Sommerfeld
阿瑟·莫里茨·肖恩弗利	Artur Moritz Schoenflies
阿司匹林	aspirin
阿瑟·林多·帕特森	Arthur Lindo Patterson
埃瓦尔德球	Ewald Sphere
埃瓦尔德作图法	Ewald construction
埃夫格拉夫·斯捷潘诺维奇·费多罗夫	Evgraf Stepanovich Fedorov
艾蒂安·杰弗里·圣–希莱尔	Étienne Geoffroy Saint-Hilaire
艾尔哈德·米采利希	Eilhard Mitscherlich
艾伦·林赛·麦凯	Alan Lindsay Mackay

安德拉什·苏特	András Sütő
安德烈·海姆	Andre Geim
氨基酸	amino acid
昂哈德·索恩克	Leonhard Sohncke
奥古斯特·布拉维	Auguste Bravais
奥古斯特·韦尔纳	Auguste Verneuil

B

摆动器	undulator
半导体	semiconductor
保罗·卡尔·莫里茨·尼平	Paul Karl Moritz Knipping
保罗·彼得·埃瓦尔德	Paul Peter Ewald
鲍里斯·尼古拉耶维奇·德洛内	Boris Nikolaevich Delaunay
苯	benzene
比萨的列奥纳多（斐波那契）	Leonardo of Pisa (Fibonacci)
标记	notation
表面的结构	surface structure
病毒	virus
波粒二象性	wave-particle duality
伯特拉姆·布洛克豪斯	Bertram Brockhouse
布拉格定律	Bragg's Law
布拉格衍射峰	Bragg reflection
布拉维格子	Bravais lattice
布里奇曼 - 斯托克巴格法	Bridgman-Stockbarger method

C

查尔斯·格洛弗·巴克拉	Charles Glover Barkla
查尔斯·霍华德·卡莱尔	Charles Harold Carlisle
查尔斯·托德	Charles Todd
长石	feldspar
超结构	superstructure
初基晶格	primitive lattice
初基晶胞	primitive unit cell
储存环	storage ring
磁性结构	magnetic structures
错误折叠	misfolding
C 面中心化	C-face centring
C. H. 詹金斯	C. H. Jenkinson
C. T. R. 威尔逊	C. T. R. Wilson

D

大分子	macromolecule
大卫·斯图尔特	David Stuart
大卫·罗兰兹	David Rowlands
大卫·塞尔	David Sayre
戴维·钱顿·菲利普斯	David Chilton Phillips
丹·谢赫特曼	Dan Shechtman
单色器	monochromator
蛋白质	protein

蛋白质结构	protein structure
蛋白质三级结构	tertiary protein structure
蛋白质四级结构	quaternary protein structure
倒格矢	reciprocal lattice vector
倒易晶格	reciprocal lattice
低能电子衍射（LEED）	low-energy electron diffraction (LEED)
低温晶体学	low-temperature crystallography, cryocrystallography
底物	substrate
地球磁场	terrestrial magnetism
碲金矿	calaverite
点对称性	point symmetry
点群	point group
点阵	point lattice
电磁透镜	electromagnetic lens
电荷翻转法	charge flipping algorithm
电离光谱仪	ionization spectrometer
电子密度	electron density
电子显微镜	electron microscope
电子衍射	electron diffraction
电子注入	injection of electrons
短程有序	short-range order
堆垛层错	stacking-fault
对称	symmetry
对称操作	symmetry operation
对称空间群	symmorphic space group

E

F

非周期晶体	aperiodic crystal
斐波那契序列	Fibonacci sequence
分子置换	molecular replacement
粉末衍射	powder diffraction
弗莱德·布朗	Fred Brown
弗朗西斯·克里克	Francis Crick
弗里德定律	Friedel's Law
浮区法	floating zone method
富勒烯	buckminsterfullerene
傅里叶变换	Fourier Transform
傅里叶合成	Fourier synthesis
傅里叶图	Fourier map

G

钙钛矿	perovskite
盖博·奥兹兰尼	Gábor Oszlányi
锆酸铅	lead zirconate
戈登·基德·蒂尔	Gordon Kidd Teal
格点	lattice points
格雷厄姆·福克斯	Graham Fox
格雷戈里·佩特斯科	Gregory Petsko
光伏	photovoltaic
光学理论	theory of optics
硅	silicon
国际符号	International Notation

国际晶体学联合会（IUCr）	International Union of Crystallography (IUCr)

H

哈里·克罗托	Harry Kroto
海伦·梅高	Helen Megaw
汉斯·布施	Hans Busch
核磁共振（NMR）	nuclear magnetic resonance (NMR)
核反应堆	nuclear reactor
核糖体结构	ribosome structure
赫伯特·霍普曼	Herbert Hauptman
赫尔曼·布兰森	Herman Branson
亨利·查普曼	Henry Chapman
亨利·利普森	Henry Lipson
恒等运算	identity operation
滑移	glide
环形暗场像	annular dark field (ADF)
环形明场像	annular bright field (ABF)

J

肌红蛋白	myoglobin
基因	gene
基因组	genome
级数截断	series termination
脊髓灰质炎病毒	poliovirus

加布里埃尔·德拉福斯	Gabriel Delafosse
甲胺基铅碘化物	methylammonium lead iodide
碱金属卤化物	alkali halides
接触式测角仪	contact goniometer
杰瑞·卡尔	Jerrry Karle
结构因子	structure factor
界面角恒等定律	Law of Constancy of Interfacial Angles
金刚石的硬度	hardness of diamond
金刚石压力腔	diamond anvil
晶胞	unit cell
晶格	lattice
晶类	crystal class
晶体	crystal
晶体结构	crystal structure
晶体生长	crystal growth
晶体学	crystallography
晶系	crystal system
晶种	seed crystal
镜面对称性	mirror symmetry
镜面炉	mirror furnace
酒石酸盐	tartrates
卷积定理	convolution theorem
J. J. 汤姆森	J. J. Thomson

K

卡文迪许实验室	Cavendish Laboratory
凯瑟琳·朗斯代尔	Kathleen Lonsdale
康斯坦丁·诺沃肖洛夫	Konstantin Novoselov
克里斯蒂安·惠更斯	Christian Huygens
克利福德·舒尔	Clifford Shull
克林顿·戴维森	Clinton Davisson
空间点阵	space lattice
空间群	space group
控制蒸发沉积	Controlled Vapour Deposition
口蹄疫病毒	foot-and-mouth disease virus (FMDV)

L

拉莫尔辐射	Larmor radiation
拉斯·韦加德	Lars Vegard
蓝宝石和红宝石晶体	sapphire and ruby crystals
劳厄方程	Laue equations
劳厄衍射	Laue diffraction
劳厄衍射图案	Laue photograph
勒内-安托万·德·列奥米尔	René-Antoine de Réaumur
勒内-朱斯特·哈伊	René-Just Haüy
雷蒙德·高斯林	Raymond Gosling
冷冻电子显微镜	Cryo-EM
里特沃尔德精修	Rietveld refinement

理查德·斯马利	Richard Smalley
立方晶系	cubic system
立方密堆结构	cubic close-packed structure (*ccp*)
立体投影	stereographic projection
列奥纳多·皮萨诺·比戈洛（斐波那契）	Leonardo Pisano Bigollo (Fibonacci)
林纳斯·鲍林	Linus Pauling
硫化锌	zinc sulfide
硫酸铜五水合物	copper sulfate pentahydrate
六边形	hexagonal
六甲基苯	hexamethylbenzene
路易斯·巴斯德	Louis Pasteur
路易斯·维克多·德布罗意	Louis Victor de Broglie
孪晶	twinning
伦敦国王学院	King's College London
罗伯特·阿曼	Robert Ammann
罗伯特·胡克	Robert Hooke
罗伯特·柯尔	Robert Curl
罗伯特·科里	Robert Corey
罗杰·彭罗斯	Roger Penrose
罗莎琳德·富兰克林	Rosalind Franklin
螺旋轴	screw axis
氯化钠	sodium chloride
氯化铯	caesium chloride

M

马克斯·珀鲁茨	Max Perutz
马克斯·诺尔	Max Knoll
马克斯·西奥多·菲利克斯·劳厄	Max Theodor Felix Laue
漫散射	diffuse scattering
酶	enzyme
镁	magnesium
米勒指数	Miller index
密排六方	*hcp*
密排六方结构	hexagonal close-packed structure
面心	face-centred
面心立方	*fcc*
面心立方结构	face-centred cubic structure
面心化（*cF*）	all-face-centring
莫里茨·路德维希·弗兰肯海姆	Moritz Ludwig Frankenheim
莫里斯·卡佩勒	Maurice Capeller
莫里斯·威尔金斯	Maurice Wilkins

N

萘	naphthalene
尼古拉斯·斯丹诺	Nicolas Steno

P

帕金森病	Parkinson's disease
帕特森法	Patterson method
皮姆·德·沃尔夫	Pim de Wolff
铍	beryllium
偏振光	polarized light
平均晶体结构	average crystal structure
平铺	tiling
平移对称性	translational symmetry
钋	polonium

Q

乔治·居维叶	Georges Cuvier
乔治·佩吉特·汤姆森	George Paget Thomson
青霉素	penicillin
氢键	hydrogen bond
氢原子	hydrogen atoms
球辐模型	ball-and-spoke model
球体堆积	packing of spheres

R

让·巴蒂斯特·路易斯罗梅·德·利勒	Jean Baptiste Louis Romé de l'Isle

热交换器	heat exchanger
轫致辐射	Bremsstrahlung
溶菌酶	lysozyme
熔盐生长	flux growth

S

塞尔方程	Sayre equation
三方	trigonal
三肽	tripeptide
三斜晶系	triclinic system
三元关系	triplet relationship
散裂中子源	spallation source
散射强度	intensity of scattering
扫描电子显微镜	scanning electron microscopy
砷化镓	gallium arsenide
生物大分子	biological macromolecule
石墨	graphite
石墨烯	graphene
石英	quartz
试错法	trial and error
手性	chirality
手性对称性	chiral symmetry
双螺旋	double helix
水热法	hydrothermal method
四方晶系	tetragonal system

锁钥模型	lock and key model

T

肽	peptide
钛酸钡	barium titanate
钛酸锶	strontium titanate
泰德·扬森	Ted Janssen
碳酸钠	sodium carbonate
汤姆·施泰茨	Tom Steitz
糖尿病	diabetes
特征 X 射线	characteristic X-rays
体心	body-centred
体心立方	body-centred cubic (*bcc*)
同步辐射	synchrotron radiation
同步加速器	synchrotron
同构定律	Law of Isomorphism
同晶置换	isomorphous replacement
铜靶	copper target
透射电子显微镜（TEM）	transmission electron microscopy
托本·伯格曼	Torbern Bergman

W

威尔逊云室	Wilson cloud chamber
威廉·阿斯特伯里	William Astbury
威廉·巴洛	William Barlow

威廉·波普　　　　　　　William Pope

维拉·丹尼尔　　　　　　Vera Daniel

威廉·哈洛斯·米勒　　　William Hallowes Miller

威廉·亨利·布拉格　　　William Henry Bragg

威廉·康拉德·伦琴　　　Wilhelm Conrad Roentgen

威廉·劳伦斯·布拉格　　William Lawrence Bragg

威廉·休谟-罗瑟里　　　William Hume-Rothery

文卡·拉马克里希南　　　Venki Ramakrishnan

稳态核反应堆　　　　　　steady-state nuclear reactor

沃尔特·弗里德里希　　　Walter Friedrich

乌尔里希·德林格尔　　　Ulrich Dehlinger

无序　　　　　　　　　　disorder

物质的鉴定　　　　　　　identification of materials

X

线性加速器　　　　　　　linear accelerator

相变　　　　　　　　　　phase transition

相位　　　　　　　　　　phase

相位问题　　　　　　　　phase problem

蟹状星云　　　　　　　　Crab nebula

锌　　　　　　　　　　　zinc

悬滴蒸发扩散法　　　　　hanging drop vapour diffusion

旋光性　　　　　　　　　optical rotation

旋转对称性　　　　　　　rotational symmetry

旋转轴　　　　　　　　　rotation axis

雪的晶体	snow crystals
X 射线	X-rays
X 射线晶体学	X-ray crystallography
X 射线衍射	X-ray diffraction

Y

血红蛋白	haemoglobin
压电	piezoelectric
亚历山大·克鲁姆·布朗	Alexander Crum Brown
亚诺什·哈杜	Janos Hajdu
亚瑟·斯密瑟尔斯	Arthur Smithells
亚瑟·舒斯特	Arthur Schuster
衍射光栅	diffraction grating
衍射仪	diffractometer
扬·柴可拉斯基	Jan Czochralski
衣壳	capsid
伊丽莎白·弗莱	Elizabeth Fry
乙酰水杨酸	acetyl salicylic acid
荧光	fluorescence
右旋螺旋	right-handed helix
雨果·里特沃尔德	Hugo Rietveld
原子的热振动	thermal vibration of atoms
原子位置	atomic position
约翰·弗里德里希·克里斯蒂安·海塞尔	Johann Friedrich Christian Hessel

Z

坐滴蒸发扩散　　　　　　　　sitting drop vapour diffusion

其他

230 种空间群	230 space groups
α 螺旋	alpha helix
β -D, L- 阿洛糖	β-D, L-allose
β 折叠	beta sheet

"走进大学"丛书书目

什么是地质?　殷长春　吉林大学地球探测科学与技术学院教授(作序)

　　　　　　　曾　勇　中国矿业大学资源与地球科学学院教授
　　　　　　　　　　　首届国家级普通高校教学名师

　　　　　　　刘志新　中国矿业大学资源与地球科学学院副院长、教授

什么是物理学?　孙　平　山东师范大学物理与电子科学学院教授

　　　　　　　李　健　山东师范大学物理与电子科学学院教授

什么是化学?　陶胜洋　大连理工大学化工学院副院长、教授

　　　　　　　王玉超　大连理工大学化工学院副教授

　　　　　　　张利静　大连理工大学化工学院副教授

什么是数学?　梁　进　同济大学数学科学学院教授

什么是统计学?　王兆军　南开大学统计与数据科学学院执行院长、教授

什么是大气科学?　黄建平　中国科学院院士
　　　　　　　　　　国家杰出青年科学基金获得者

　　　　　　　刘玉芝　兰州大学大气科学学院教授

　　　　　　　张国龙　兰州大学西部生态安全协同创新中心工程师

什么是生物科学?　赵　帅　广西大学亚热带农业生物资源保护与利用国家
　　　　　　　　　　重点实验室副研究员

　　　　　　　赵心清　上海交通大学微生物代谢国家重点实验室教授

　　　　　　　冯家勋　广西大学亚热带农业生物资源保护与利用国家
　　　　　　　　　　重点实验室二级教授

什么是地理学?　段玉山　华东师范大学地理科学学院教授

　　　　　　　张佳琦　华东师范大学地理科学学院讲师

什么是机械?　邓宗全　中国工程院院士
　　　　　　　　　　哈尔滨工业大学机电工程学院教授(作序)

　　　　　　　王德伦　大连理工大学机械工程学院教授
　　　　　　　　　　全国机械原理教学研究会理事长

什么是材料?　赵　杰　大连理工大学材料科学与工程学院教授

什么是金属材料工程?

	王　清	大连理工大学材料科学与工程学院教授
	李佳艳	大连理工大学材料科学与工程学院副教授
	董红刚	大连理工大学材料科学与工程学院党委书记、教授(主审)
	陈国清	大连理工大学材料科学与工程学院副院长、教授(主审)
什么是功能材料?	李晓娜	大连理工大学材料科学与工程学院教授
	董红刚	大连理工大学材料科学与工程学院党委书记、教授(主审)
	陈国清	大连理工大学材料科学与工程学院副院长、教授(主审)
什么是自动化?	王　伟	大连理工大学控制科学与工程学院教授 国家杰出青年科学基金获得者(主审)
	王宏伟	大连理工大学控制科学与工程学院教授
	王　东	大连理工大学控制科学与工程学院教授
	夏　浩	大连理工大学控制科学与工程学院院长、教授
什么是计算机?	嵩　天	北京理工大学网络空间安全学院副院长、教授
什么是人工智能?	江　贺	大连理工大学人工智能大连研究院院长、教授 国家优秀青年科学基金获得者
	任志磊	大连理工大学软件学院教授
什么是土木工程?	李宏男	大连理工大学土木工程学院教授 国家杰出青年科学基金获得者
什么是水利?	张　弛	大连理工大学建设工程学部部长、教授 国家杰出青年科学基金获得者
什么是化学工程?	贺高红	大连理工大学化工学院教授 国家杰出青年科学基金获得者
	李祥村	大连理工大学化工学院副教授
什么是矿业?	万志军	中国矿业大学矿业工程学院副院长、教授 入选教育部"新世纪优秀人才支持计划"
什么是纺织?	伏广伟	中国纺织工程学会理事长(作序)
	郑来久	大连工业大学纺织与材料工程学院二级教授
什么是轻工?	石　碧	中国工程院院士 四川大学轻纺与食品学院教授(作序)
	平清伟	大连工业大学轻工与化学工程学院教授

什么是海洋工程？ 柳淑学 大连理工大学水利工程学院研究员

入选教育部"新世纪优秀人才支持计划"

李金宣 大连理工大学水利工程学院副教授

什么是船舶与海洋工程？

张桂勇 大连理工大学船舶工程学院院长、教授

国家杰出青年科学基金获得者

汪 骥 大连理工大学船舶工程学院副院长、教授

什么是海洋科学？ 管长龙 中国海洋大学海洋与大气学院名誉院长、教授

什么是航空航天？ 万志强 北京航空航天大学航空科学与工程学院副院长、教授

杨 超 北京航空航天大学航空科学与工程学院教授

入选教育部"新世纪优秀人才支持计划"

什么是生物医学工程？

万遂人 东南大学生物科学与医学工程学院教授

中国生物医学工程学会副理事长(作序)

邱天爽 大连理工大学生物医学工程学院教授

刘 蓉 大连理工大学生物医学工程学院副教授

齐莉萍 大连理工大学生物医学工程学院副教授

什么是食品科学与工程？

朱蓓薇 中国工程院院士

大连工业大学食品学院教授

什么是建筑？ 齐 康 中国科学院院士

东南大学建筑研究所所长、教授(作序)

唐 建 大连理工大学建筑与艺术学院院长、教授

什么是生物工程？ 贾凌云 大连理工大学生物工程学院院长、教授

入选教育部"新世纪优秀人才支持计划"

袁文杰 大连理工大学生物工程学院副院长、副教授

什么是物流管理与工程？

刘志学 华中科技大学管理学院二级教授、博士生导师

刘伟华 天津大学运营与供应链管理系主任、讲席教授、博士生导师

国家级青年人才计划入选者

什么是哲学？ 林德宏 南京大学哲学系教授

南京大学人文社会科学荣誉资深教授

刘 鹏 南京大学哲学系副主任、副教授

什么是动物医学? 陈启军 沈阳农业大学校长、教授
国家杰出青年科学基金获得者
"新世纪百千万人才工程"国家级人选
高维凡 曾任沈阳农业大学动物科学与医学学院副教授
吴长德 沈阳农业大学动物科学与医学学院教授
姜 宁 沈阳农业大学动物科学与医学学院教授
什么是农学? 陈温福 中国工程院院士
沈阳农业大学农学院教授(主审)
于海秋 沈阳农业大学农学院院长、教授
周宇飞 沈阳农业大学农学院副教授
徐正进 沈阳农业大学农学院教授
什么是植物生产? 李天来 中国工程院院士
沈阳农业大学园艺学院教授
什么是医学? 任守双 哈尔滨医科大学马克思主义学院教授
什么是中医学? 贾春华 北京中医药大学中医学院教授
李 湛 北京中医药大学岐黄国医班(九年制)博士研究生
什么是公共卫生与预防医学?
刘剑君 中国疾病预防控制中心副主任、研究生院执行院长
刘 珏 北京大学公共卫生学院研究员
么鸿雁 中国疾病预防控制中心研究员
张 晖 全国科学技术名词审定委员会事务中心副主任
什么是药学? 尤启冬 中国药科大学药学院教授
郭小可 中国药科大学药学院副教授
什么是护理学? 姜安丽 海军军医大学护理学院教授
周兰姝 海军军医大学护理学院教授
刘 霖 海军军医大学护理学院副教授
什么是管理学? 齐丽云 大连理工大学经济管理学院副教授
汪克夷 大连理工大学经济管理学院教授
什么是图书情报与档案管理?
李 刚 南京大学信息管理学院教授
什么是电子商务? 李 琪 西安交通大学经济与金融学院二级教授
彭丽芳 厦门大学管理学院教授

什么是工业工程？ 郑　力　清华大学副校长、教授(作序)

周德群　南京航空航天大学经济与管理学院院长、二级教授

欧阳林寒　南京航空航天大学经济与管理学院研究员

什么是艺术学？ 梁　玖　北京师范大学艺术与传媒学院教授

什么是戏剧与影视学？

梁振华　北京师范大学文学院教授、影视编剧、制片人

什么是设计学？ 李砚祖　清华大学美术学院教授

朱怡芳　中国艺术研究院副研究员

什么是有机化学？ ［英］格雷厄姆·帕特里克（作者）

西苏格兰大学有机化学和药物化学讲师

刘　春（译者）

大连理工大学化工学院教授

高欣钦（译者）

大连理工大学化工学院副教授

什么是晶体学？ ［英］A. M. 格拉泽（作者）

牛津大学物理学荣誉教授

华威大学客座教授

刘　涛（译者）

大连理工大学化工学院教授

赵　亮（译者）

大连理工大学化工学院副研究员

什么是三角学？ ［加］格伦·范·布鲁梅伦（作者）

奎斯特大学数学系协调员

加拿大数学史与哲学学会前主席

雷逢春（译者）

大连理工大学数学科学学院教授

李风玲（译者）

大连理工大学数学科学学院教授

什么是对称学？ ［英］伊恩·斯图尔特（作者）

英国皇家学会会员

华威大学数学专业荣誉教授

刘西民（译者）

大连理工大学数学科学学院教授

李风玲（译者）

大连理工大学数学科学学院教授

什么是麻醉学？ [英]艾登·奥唐纳（作者）

英国皇家麻醉师学院研究员

澳大利亚和新西兰麻醉师学院研究员

毕聪杰（译者）

大连理工大学附属中心医院麻醉科副主任、主任医师

大连市青年才俊

什么是药品？ [英]莱斯·艾弗森（作者）

牛津大学药理学系客座教授

剑桥大学MRC神经化学药理学组前主任

程昉（译者）

大连理工大学化工学院药学系教授

张立军（译者）

大连市第三人民医院主任医师、专业技术二级教授

"兴辽英才计划"领军医学名家

什么是哺乳动物？ [英]T. S.肯普（作者）

牛津大学圣约翰学院荣誉研究员

曾任牛津大学自然历史博物馆动物学系讲师

牛津大学动物学藏品馆长

田天（译者）

大连理工大学环境学院副教授

王鹤霏（译者）

国家海洋环境监测中心工程师

什么是兽医学？ [英]詹姆斯·耶茨（作者）

英国皇家动物保护协会首席兽医官

英国皇家兽医学院执业成员、官方兽医

马莉（译者）

大连理工大学外国语学院副教授

什么是生物多样性保护?

[英]大卫·W.麦克唐纳（作者）

牛津大学野生动物保护研究室主任

达尔文咨询委员会主席

杨　君（译者）

大连理工大学生物工程学院党委书记、教授

辽宁省生物实验教学示范中心主任

张　正（译者）

大连理工大学生物工程学院博士研究生

王梓丞（译者）

美国俄勒冈州立大学理学院微生物学系学生